# ÉPIDÉMIOLOGIE

# A IVRY-SUR-SEINE

# DE 1877 A 1899

PAR

le Docteur COURGEY (d'Ivry)

———— ·❈· ————

PARIS

L. BOYER, Imprimeur-Éditeur

15, Rue Racine, 15

ET CHEZ L'AUTEUR

—

1901

# ÉPIDÉMIOLOGIE

# A IVRY-SUR-SEINE

## DE 1877 A 1899

PAR

le Docteur COURGEY (d'Ivry)

———— + × + ————

PARIS

L. BOYER, Imprimeur-Éditeur

15, Rue Racine, 15

ET CHEZ L'AUTEUR

—

1901

# AUX LECTEURS

Des extraits de ce travail ont été publiés par la *Tribune Médicale,* dans les numéros 48, 49 et 50 de l'année 1900 et précédés de la notice suivante :

« Les études d'épidémiologie sont toujours — au point de vue de la santé publique — d'un intérêt majeur, et cet intérêt s'est encore accru depuis que la nature prochaine, les causes, et par conséquent le mécanisme pathogénique et de propagation de ces maladies ont été dévoilés, grâce aux progrès de la science moderne, et d'une de ses plus importantes branches nouvelles, la *bactériologie.*

« M. le docteur Courgey (d'Ivry) a consacré à ce sujet un travail considérable portant sur la région où il exerce depuis de longues années, et éclairé par une expérience et des observations personnelles qui lui confèrent un cachet d'authenticité des plus précieux. L'étendue de ce mémoire, que notre honoré confrère a bien voulu confier à notre publicité, ne nous permet

1

pas de le reproduire intégralement, mais nous nous empressons d'en extraire les parties essentielles qui en constituent, pour ainsi parler, la moelle, résidant dans les conclusions et les remarques générales afférentes à chaque chapitre. »

(*La R.*)

# AVANT-PROPOS

Sous ce titre : *Épidémiologie à Ivry*, notre intention n'a pas été de faire une monographie complète du choléra, de la variole, de la fièvre typhoïde, de la rougeole, de la scarlatine, de la coqueluche, de la diphtérie, ni d'étudier les formes diverses de ces maladies à chacune de leur apparition, ni d'en donner les détails, les particularités, la manière d'être dans le milieu spécial d'Ivry.

Étudier la question sous cette forme eut été possible, mais notre but a été plus modeste.

Nous avons voulu faire une étude démographique et établir la statistique exacte de la mortalité des maladies épidémiques pendant une période de vingt-deux ans, de 1877 inclusivement à 1898 inclusivement, en tirer les conclusions qu'elle comporte, et faire sur ces données des remarques générales concises concernant l'âge et le sexe des décédés, la durée de l'incubation et celle de la maladie, la marche générale des épidémies, l'influence des désinfections et des découvertes de la science, le rôle de l'hygiène, de l'isolement, de la distribution des eaux, etc., pendant cette période.

La période envisagée est, sous bien des rapports, favorable à ces observations. C'est, en effet, pendant sa durée que le régime des eaux a été amélioré à Ivry ; c'est à partir de 1891 que les désinfections ont commencé à être sérieusement faites, et c'est surtout depuis vingt-cinq ans que l'hygiène générale (l'hygiène de l'habitation surtout), que les découvertes scientifiques ont amené, par leurs applications médicales en thérapeutique et en chirurgie, une diminution notable des maladies et de la mortalité.

Comment avons-nous pu atteindre notre but et rassembler les documents nécessaires ?

Et d'abord, depuis vingt-deux ans que nous pratiquons la médecine à Ivry, nous avons constamment été préoccupé de la question des maladies épidémiques. — Notre clientèle et nos relations avec nos confrères nous ont permis de recueillir des documents à ce sujet. — Nous avons toujours fourni les rapports demandés par la Préfecture sur la variole, et les rapports demandés parfois sur diverses épidémies. — De plus, comme médecin inspecteur des écoles par intérim pendant plusieurs années, comme délégué cantonal, comme médecin du Bureau de bienfaisance et de Sociétés diverses de secours mutuels, comme médecin de l'état-civil pendant presque toute la période examinée — ce qui nous a mis à même de faire des enquêtes sérieuses et nous a fourni des données plus certaines au point de vue de la marche des épidémies et des causes des décès, — comme membre de la Commission de salubrité, comme délégué par la municipalité pour surveiller les voyageurs munis de passeports sanitaires venant d'Espagne en 1890, d'Allemagne et de Belgique en 1892, etc., nous avons pu amasser des matériaux importants.

Après avoir fait les relevés dans les archives de l'état-civil à la mairie d'Ivry, après avoir consulté le registre des désinfections et tous les documents municipaux se rapportant à notre travail, il nous manquait encore des documents difficiles et longs à se procurer, c'est-à-dire les relevés des hôpitaux de Paris concernant les habitants d'Ivry décédés de maladie contagieuse dans ces hôpitaux.

Nous remercions bien sincèrement M. Napias, directeur général de l'Assistance publique, qui, nous ayant d'abord répondu que nous demandions à son administration un travail *considérable,* a bien voulu ensuite être assez obligeant pour nous fournir d'une façon très complète les documents que nous lui demandions.

Nous avons aussi à remercier M. Jacques Bertillon, chef des travaux statistiques de la ville de Paris, et M. l'Ingénieur chargé des filtres et du laboratoire de la Compagnie générale des eaux, des documents qu'ils nous ont obligeamment fournis.

Notre grande préoccupation a été de nous entourer de tous les renseignements exacts, puisés à toutes les sources, nécessaires à notre travail.

Nous avons voulu avoir les chiffres certains, précis, indiscutables, sans lesquels on ne peut établir de statistique sérieuse, ni en tirer de conclusions probantes, et nous pensons avoir atteint ce but.

Nos documents — nous n'hésitons pas à le dire — sont sûrs et presque complets.

Nous n'avons jamais songé, bien entendu, à faire violence aux chiffres pour leur faire avouer des faits appuyant des idées préconçues. Plusieurs fois, au contraire, ces chiffres ont rectifié chez nous des idées erronées que, malgré la connaissance de la ville où nous exerçons, nous avions, à première vue, sur certains points d'épidémiologie.

C'est à cause de l'exactitude de nos documents, de la précision pour ainsi dire mathématique que nous avons apportée dans notre travail, que nous espérons lui voir offrir quelque intérêt.

Nos courbes, pour chaque maladie épidémique, sont établies d'après la mortalité annuelle.

Comme la population d'Ivry va sans cesse en augmentant, nous avons donné, sur le diagramme, le chiffre de la population à chaque recensement quinquennal. On pourra ainsi rectifier la courbe et la mettre au point facilement. Et comme dans certaines maladies, cette courbe baisse malgré l'augmentation de la population, elle n'en est que plus probante.

D'ailleurs, une première impression agréable et consolante que nous avons eue en dépouillant les volumineux dossiers de l'état-civil, a été de voir les dossiers diminuer de volume à partir de la désinfection et de la découverte du vaccin antidiphtérique.

Nous avons laissé de côté dans nos statistiques, (excepté pour le choléra), l'hospice des vieillards d'Ivry, dont la population nombreuse (2,000 à 2,200) est complètement en dehors des habitudes, des conditions ordinaires et de la vie de la population normale d'Ivry. Nous avons de même laissé de côté la population très variable du fort d'Ivry (480 en 1898). — Ces éléments étrangers auraient apporté le trouble dans nos observations.

Tous les chiffres donnés se rapportent donc à la population totale d'Ivry, défalcation faite de la population de l'hospice et du fort.

## Aperçu général sur la topographie et la population d'Ivry-sur-Seine

La ville d'Ivry-sur-Seine est située aux portes de Paris, sur la Seine, en amont, entre les fortifications, la Seine, le confluent de la Marne et de la Seine, Vitry, Villejuif, les cimetières parisiens et Gentilly.

La population est essentiellement industrielle et commerçante. C'est le Saint-Denis du Sud. La plupart des fabriques et des usines emploient des ouvriers des deux sexes, et des enfants.

La ville occupe une très grande surface — 615 hectares. Elle est divisée en trois quartiers : *Ivry-Port,* entre la ligne d'Orléans et les bords de la Seine — *Ivry-Centre,* entre la ligne d'Orléans et le coteau de la rive gauche de la vallée de la Seine — et le *Petit-Ivry,* situé au-dessus du coteau.

Avant 1866, la ville se composait de deux parties, l'une en dehors et l'autre à l'intérieur des fortifications. Depuis l'annexion de la partie intérieure, en 1866, elle

n'est plus composée que de la partie confinant exté-
rieurement aux fortifications et que nous venons de
décrire.

Chaque quartier est traversé par des voies centrales,
et se trouve relié aux quartiers voisins par diverses
rues plus ou moins bordées de maisons. Actuellement
encore, beaucoup de terrains vagues isolent les quartiers et même des groupes de maisons dans chaque
quartier.

Ivry-Port est principalement composé de maisons
ouvrières à quatre ou cinq étages, très peuplées. Les
cités, autrefois nombreuses et malpropres, disparaissent
petit à petit, et au point de vue de l'habitation on peut
constater, grâce aux progrès de l'hygiène dont l'esprit
a pénétré les masses et obligé les propriétaires à construire plus confortablement et à améliorer leurs maisons, grâce aussi à la pression de la Commission muni-
cipale d'hygiène et des logements insalubres, des amé-
liorations très sérieuses à Ivry depuis plusieurs années.
Il reste, bien entendu, encore beaucoup à faire, mais le
mouvement est donné et il y a lieu d'espérer qu'il ne
s'arrêtera pas.

Le quartier du Centre, plus bourgeois, est le plus
favorisé au point de vue de l'habitation salubre, quoique bien des maisons soient encore insalubres.

Le Petit-Ivry se trouve sensiblement dans les mêmes
conditions que le quartier d'Ivry-Port.

En général, les conditions hygiéniques de l'habitation dans la ville d'Ivry sont plutôt meilleures, comme
nous avons été à même de nous en rendre souvent

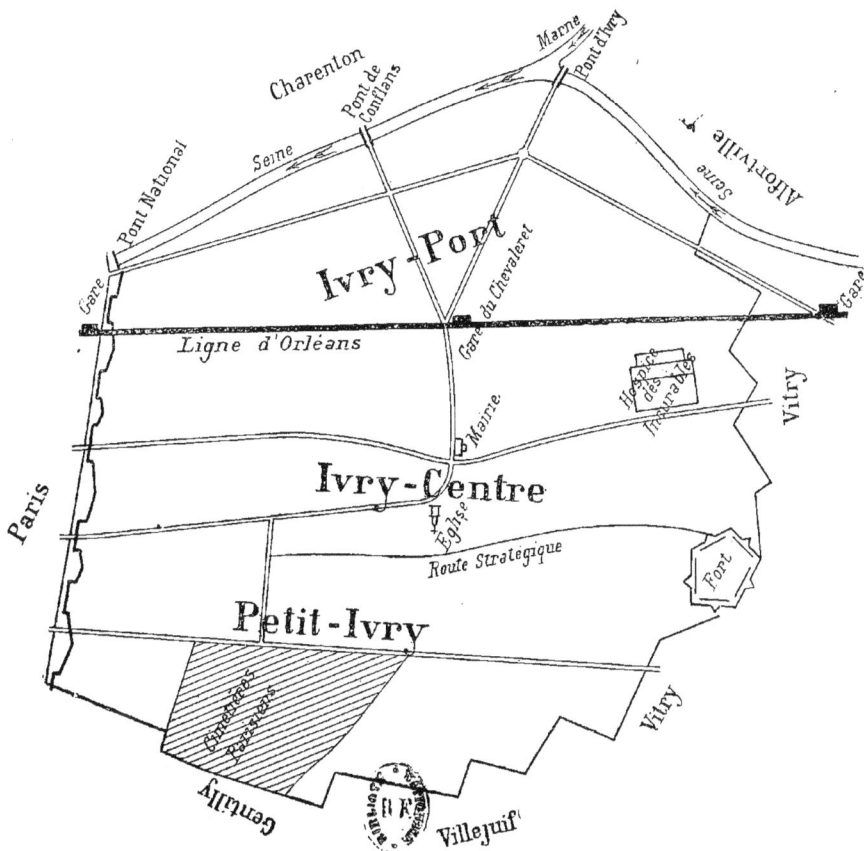

compte, que dans les quartiers populaires de Paris et
que dans certaines communes industrielles et ouvrières
de la Seine. — Les garnis, soit dit en passant, ne nous
ont point paru offrir une mortalité ou une morbidité
plus grande que les autres logements.

La population, dont la densité est variable selon les
maisons, selon les rues et même certaines portions de
rue, n'est pas proportionnelle à la surface et n'est point
du tout comparable à la densité de la population des
quartiers populeux et surtout populaires de Paris. —
Les espaces non bâtis et les vastes emplacements d'usines atténuent considérablement les effets de l'encombrement.

Les usines et fabriques sont salubres, à très peu d'ex-
ceptions près. On y travaille le fer, le bois ; on y fabrique des produits réfractaires, des produits chimiques,
des lampes électriques, des plumes et œillets métalli-
ques, de l'absinthe, des pianos, des automobiles, du
chocolat, des briques, des tuiles et du papier peint. On
y rencontre des brasseries, des distilleries, des entrepôts de toutes sortes. On y trouve des fabriques de
caoutchouc, de wagons, d'immenses ateliers pour la dis-
tillation du bois, des teintureries, etc., etc.

Beaucoup d'entre ces établissements : fabriques d'en-
grais, traitement des os, boyauderies, manufactures de
produits chimiques, rendent bien certains quartiers
désagréables à habiter, mais ne sont point insalubres à
proprement parler.

La population ouvrière, malgré quelques saisons où

le travail diminue, ne peut pas être considérée comme une population pauvre.

Ce qui nous paraît être la charge la plus lourde à l'ouvrier, ce sont les vieux parents. Aussi, comme partout, ceux-ci se trouvent-ils plus ou moins délaissés et, soit dit en passant, la catégorie des vieillards est la plus nécessiteuse et la plus intéressante.

Voici comment, depuis 1876, se composait la population :

| | | | | | |
|---|---|---|---|---|---|
| 1876 | 12,604 habitants. | | | | |
| | 2,643 | (Incurables, maison de santé, fort, etc.). | | | |
| 1881 | 16,145 | — | | | |
| | 2,297 | | — | — | — |
| 1886 | 18.600 | — | | | |
| | 2,476 | | — | — | — |
| 1891 | 19,830 | — | | | |
| | 2,527 | | — | — | — |
| 1896 | 22,228 | — | | | |
| | 2,691 | | — | — | — |

Population par quartier au dernier recensement :

| | | |
|---|---|---|
| | Ivry-Port.......................... | 8.130 |
| 1896 | Ivry-Centre...... ............... | 6.937 |
| | Petit-Ivry.......... .. .. ...... | 7.161 |

Ceci dit, nous allons commencer l'étude des maladies épidémiques à Ivry par le choléra.

# CHOLÉRA

Dans la banlieue avoisinant Paris où les communes
se touchent ; dans une ville de cette banlieue où les habitations sont espacées par endroits et agglomérées en
d'autres, on comprendra combien les conditions d'observation médicale sont différentes de celles qui peuvent
être faites dans des communes situées à des distances
plus ou moins grandes les unes des autres. Les communes sont confondues dans le département sur la Seine,
qui n'est en somme qu'une immense ville, et il est
extrêmement difficile de préciser l'origine et la marche
d'une épidémie, aussi bien celle du choléra que de toute
autre.

En ce qui concerne le choléra, on ne peut donc avoir
que des données approximatives sur son mode de transmission, la durée de l'incubation, l'origine et la marche
de l'épidémie.

La difficulté est encore augmentée en ce que malheureusement on n'est point fixé sur l'unicité ou la dualité

du choléra, en ce que l'on distingue le choléra *nostras* du
choléra *asiatique*. Il règne toujours de l'incertitude sur la
nature du choléra, et on ne devrait y attacher aucune importance, car le traitement et les mesures de préserva-
tion doivent être les mêmes. A notre avis il ne devrait
pas exister de distinction entre les cas de choléra, car
que ce soit le bacille virgule ou le bacille commun du
colon qui soit la cause de la maladie, la conduite à tenir
est la même.

Le bacille virgule importé jadis, peut de temps en
temps se réveiller, reprendre sa virulence primitive
dans des circonstances diverses, et donner lieu à des
épidémies sur place, — de même qu'il peut y avoir une
nouvelle importation de germes plus virulents, qui se
disséminent rapidement partout. Mais que ce soit l'un
ou l'autre de ces bacilles virgules, que le choléra vienne
de Hambourg ou du Havre, qu'il soit même le fait du
bacille du colon, peu importe, nous le répétons, l'essen-
tiel c'est de lui barrer la route, quelle que soit sa nature, si incertaine encore et si discutée à l'apparition de
chaque épidémie.

## Choléra à Ivry.

### 1880

C'est en 1880 seulement que nous entendons parler
à Ivry d'un cas de choléra nostras. Le malade transporté à l'hôpital Saint-Antoine a d'ailleurs guéri.

## 1884

Puis éclate l'épidémie de 1884 qui a débuté à Paris.

Nos observations personnelles et nos recherches, complètes au point de vue de la mortalité, sont incomplètes au point de vue de la morbidité. Il ne nous a pas été possible de connaître tous les cas qui se sont produits, la déclaration n'étant pas obligatoire à cette époque.

Nous pouvons néanmoins tracer le tableau de cette épidémie, tableau qui est à peu près la réponse au questionnaire adressé aux médecins par une commission de l'Académie de médecine nommée dans la séance du 2 septembre 1884, et que nous avons alors rempli.

1° 7 novembre. — Quai de la gare, 53, Paris, près du Pont national, nous voyons madame F..., 76 ans, concierge, sujette aux indigestions par défaut de dents, atteinte de choléra à la suite d'une indigestion. — Guérit.

2° 12 novembre. — Quai de la gare, 53, Paris, nous voyons Dominé, chauffeur au gaz du chemin de fer d'Orléans, atteint de choléra à la suite d'indigestion d'eau froide comme cela arrive si souvent à ces ouvriers. — Guérit.

3° 12 novembre. — Un garçon maraîcher, route stratégique à Ivry, revenant de Paris chercher une *voiture de fumier*, arrive chez son patron, place Parmentier, à Ivry. Il est pris subitement de choléra, envoyé à la

Pitié par un confrère, et meurt au bout de vingt-quatre heures.

4° 18 novembre. — Un autre de mes confrères voit, quai d'Ivry, 5o, une jeune fille de 18 ans, Mlle Avig..., travaillant dans la fabrique de bougies Leroy et Durand, rue des Plantes. Cette jeune fille meurt du choléra en 36 heures.

5° 18 novembre. — Nous observons B..., un ouvrier boulanger, rue Nationale, 28 (près du quai), âgé de 35 ans, atteint d'une attaque violente de choléra. — Guérit.

6° 21 novembre. — Mme B..., femme du précédent est atteinte de la même manière que son mari. — Guérit.

## MARCHE DE L'ÉPIDÉMIE

Il ressort de ce tableau que le premier malade décédé à Ivry, a été atteint probablement à la suite de contact suspect avec des objets contaminés (fumier de Paris). Nous n'avons pu avoir d'autres renseignements.

Les deux premiers malades habitaient Paris où régnait le choléra, et habitaient sur les quais de la Seine.

Ils n'avaient pas vu d'individus suspects et ne paraissaient pas avoir eu de contact avec des objets contaminés.

La plupart des malades étaient dans un état de réceptivité spéciale : âge avancé, appareil digestif en mauvais état, profession de boulanger.

Les malades 1° et 2°, habitaient, il est vrai, la même maison dont la concierge fut la première atteinte. — S'il y a eu contamination du second par la concierge, ce qui est probable, la période d'incubation aurait été de *trois* jours.

Période d'incubation de *trois* jours exactement aussi, de 5° à 6°, et contamination par objets, cohabitation, linges souillés, literie, effets à usage.

Nous n'avons pas eu de décès sur les quatre cas observés par nous. La totalité des décès a été de deux sur 18.000 habitants et sur environ vingt cas observés. Les cas graves ont été observés au début de l'épidémie.

L'eau de Seine, en amont de Paris, bue par les habitants de Paris et d'Ivry, peut-elle être incriminée ? Oui, pour les raisons suivantes :

*Matières fécales.* — Les cabinets d'aisance dans les maisons où nous avons observé nos cholériques sont à mi-étage, aménagés plus ou moins proprement comme la plupart des cabinets d'aisance des maisons ouvrières de Paris. Les fosses doivent être étanches, mais bon nombre d'habitations ont des fosses mobiles qui contaminent le sol dans les manœuvres d'enlèvement très fréquentes. Les fosses fixes sont vidées par les Compagnies Lesage et autres du même système, mais fréquemment, les vidangeurs pour éviter la surcharge ou un transport onéreux, déversent les tonneaux dans les champs déserts du voisinage, dans les égouts ou sur les berges de la Seine.

Il est bon d'ajouter que beaucoup de petites habitations n'ont pas de fosses, et que les matières sont projetées sur des tas d'ordures ou dans les espaces environnant les maisons.

*Eaux potables.* — Les eaux potables, à cette époque, provenaient soit des puits, soit de la distribution d'eau de Seine par la Compagnie des Eaux.

Les puits ont en moyenne huit mètres de profondeur, et l'eau de Seine qu'ils contiennent, est filtrée par la couche de sable qui forme le sous-sol de la vallée de la Seine, mais beaucoup de ces puits sont contaminés par les infiltrations des puisards ou des fosses d'aisance, par les pluies et le lavage des cours. Tel est le régime habituel des eaux dans notre commune jusqu'en 1896.

## Remarques

L'apparition de l'épidémie à été précédée d'affections intestinales diverses. On a observé pendant les mois de septembre et octobre, beaucoup de cas de diarrhées cholériformes avec vomissements et crampes, un grand nombre d'indigestions et de dysenteries. D'ailleurs la température était très élevée en septembre.

L'épidémie s'est produite en novembre, c'est-à-dire après les fortes chaleurs. Aucun des sujets observés n'avait la diarrhée au moment de l'invasion du mal. Chez tous l'affection cholérique est survenue brusquement, soit à la suite d'une indigestion, soit à la suite d'ingestion de liquides froids et abondants, soit par contagion,

Avant les cas de choléra, pendant les six premiers mois de l'année surtout, il a été observé de nombreux cas de fièvre typhoïde, plus nombreux qu'en temps ordinaire.

### TOPOGRAPHIE

La majorité des cas ont été observés sur les bords de la Seine.

La bénignité de l'épidémie, la rareté et la diffusion des cas, le contact de la commune avec Paris, ne permettent pas de faire un croquis intéressant et utile.

### 1887

En 1887, on signale un cas de décès par le choléra, le 16 septembre, dans un bateau de charbon, sur la Seine, en face du n° 62 du quai.

Le sieur Couteau François, 62 ans, est mort en neuf jours. Pas de propagation.

### 1890

En 1890, pendant le choléra d'Espagne, nous avons été chargé par la municipalité d'Ivry de surveiller pendant cinq jours après leur retour, les voyageurs venant d'Espagne. Trois voyageurs avec passeports sanitaires n'ont rien offert de particulier.

## 1892

En 1892 éclate ou plutôt se développe dans la banlieue et ensuite dans Paris, une épidémie cholérique assez sérieuse venue de Hambourg en France, en passant par la Belgique, disent les uns, ou née au Hâvre selon d'autres.

Cette épidémie est intéressante à plusieurs points de vue. Sa marche et son origine ont été discutées sans avoir pu être précisées. La science est restée interdite devant les faits bizarres et les cas inattendus et déconcertants qui se sont produits.

Tout d'abord, pendant le mois de juillet on a observé dans la banlieue, à Ivry comme à Aubervilliers et ailleurs, des cas fréquents de diarrhée pendant tout le mois.

Cette diarrhée estivale, comme on en remarque habituellement à chaque saison semblable, était fréquemment accompagnée de vomissements et de crampes, mais la guérison était la règle et même elle était prompte.

Cette diarrhée s'observait dans tous les quartiers, mais elle devint cholériforme au Petit-Ivry, dans la première quinzaine d'août.

La diarrhée cholériforme dite choléra nostras s'installa donc lentement. On n'y prit même pas beaucoup garde. « C'est la saison! » Et il en fut de même à Paris où comme dans la banlieue on observait *en attendant*, puisque les cas se développaient partout *lentement*.

Mais cette diarrhée cholériforme, précédée de cas de diarrhée simple, accompagnée de diarrhée dysentériforme, puis de choléra muqueux, ne tarda pas à se transformer en véritable choléra, à partir du milieu d'août, et pendant le mois de septembre. Le choléra s'atténua et pendant le mois d'octobre on n'observa plus guère que des cas de diarrhée cholériforme chez des enfants au biberon.

Toutefois, pendant ces mois, la mortalité par diarrhée infantile fut plus grande que de coutume, et présenta des caractères manifestes d'épidémicité.

Voilà donc une épidémie qui s'installe lentement, insidieusement, qui n'éveille pas les soupçons par la soudaineté de son apparition et de ses coups, qui sévit fortement — favorisée par des chaleurs excessives — pendant six semaines et qui s'éteint petit à petit, en ayant duré pendant les mois de juillet, août, septembre et octobre.

Pendant le mois d'août, nous étions seul, avec les remplaçants de nos confrères.

Nous avons pour notre part observé environ 52 cas de diarrhée cholériforme ou choléra nostras — dysentériforme — ou simple, chez des adultes, pendant les mois d'août et septembre. Sur ce total, quinze cas de choléra nostras environ, et sur ces quinze cas, trois décès. De plus deux enfants *au sein*, âgés d'environ un an ont succombé à la diarrhée cholériforme.

Nous allons d'ailleurs tracer le tableau de tous les décès survenus à Ivry pendant l'épidémie. Mais suivons l'ordre chronologique et nous tirerons ensuite des faits étudiés et comparés les conclusions qu'ils comportent.

1° Le premier décès date du 17 août. — Une femme Coudert Alexandrine, âgée de 51 ans, est morte en 4 jours dans un bateau sur la Seine, au Pont d'Ivry. Le mari de cette femme avait eu la diarrhée quelques jours auparavant. Elle-même était soignée pour une gastrite depuis plusieurs années.

2° Le 18 août, c'est une femme de 62 ans, Mme La-ville, rue du Liégat, 4 *ter* qui meurt de diarrhée bilieuse, cette femme était atteinte d'un néoplasme du foie.

3° 20 août. — Un homme de 62 ans, rue du Milieu, 42, meurt en 3 jours de diarrhée simple, sans crampes. Etait soigné depuis quelque temps pour une gastrite alcoolique.

4° 23 août. — Femme Fleuret Jean, née Guérin, 58 ans, rue du Milieu, 42, meurt en 12 heures de diar-rhée cholériforme. Econome, se privant de tout. Misère physiologique.

5° 24 août. — Mme Mallet, 64 ans, rue du Vieux-Chemin, 26. Rhumatisante, cardiaque, gastralgique depuis de longues années, meurt de diarrhée simple, sans crampes, en 3 jours.

6° 23 août. — Petit Edmond, 48 ans, rue du Nord, 78. Le 23 août va à la pêche à Port-à-l'Anglais. Grande chaleur depuis quelques semaines. Boit de l'eau de Seine, à même, en quantité, l'après-midi. Est pris de vomissements et diarrhée dans la soirée. Diarrhée blanche les jours suivants. Succombe le 26 août.

7° 25 août. — M. Fleuret, 67 ans, rue du Milieu, 42, mari du n° 4, atteint deux jours après sa femme. Les vomissements et les selles bilieuses sont arrêtés le 30 août, mais en présence d'excitation cérébrale, de congestions viscérales, le malade est transporté à la Pitié où il succombe le 1ᵉʳ septembre.

8° 29 août. — Un homme de 36 ans, demeurant aux colonies Alexandre, Ivry, meurt de diarrhée chofériforme à la Pitié.

9° 3 septembre. — Un homme de 43 ans, habitant quai d'Ivry, meurt de diarrhée cholériforme à la Pitié.

10° 5 septembre. — Une femme de 65 ans, avenue des Ecoles, meurt de diarrhée cholériforme à la Pitié.

11° 14 septembre. — Plomb Frédéric, 53 ans, alcoolique avec ramollissement cérébral, rue de la Mairie, 23, Ivry, meurt le 14 septembre de diarrhée cholériforme avec vomissements en 24 heures.

11 octobre. — Enfant Derbise, 20 mois, rue de Paris, 16, élevé au biberon, meurt en 3 jours de diarrhée cholériforme. Les parents arrivaient de Paris dans cette maison où, au commencement d'août, nous avons donné nos soins à la femme Sortais, atteinte de choléra nostras grave qui a guéri.

13 octobre. — Enfant Hastler Jean, 4 ans, route de Choisy, 16, dans une baraque infecte. Diarrhée et vo-

missements le 8 octobre, arrêtés le 11, mais l'enfant reste abattu, cyanosé, somnolent, et meurt le 13.

Le 12 octobre, dans cette horrible baraque à planches pourries, disjointes, avec du terreau et du fumier sur le sol, où les enfants couchent sur la paille à peine recouverte de quelques loques sordides, un enfant de 10 mois, élevé au biberon est pris de vomissements et de diarrhée. La mère de cet enfant est prise de vomissements et de diarrhée le 13 octobre, et vomit deux lombrics. Les deux malades sont transportés à l'Hôtel-Dieu, le soir. La mère a guéri, et l'enfant a succombé.

15 octobre. — G... Eugénie, 14 mois, rue des Berges, 27, élevé au biberon avec du lait de chèvre, sauf depuis deux mois où l'enfant ne boit plus que du lait de vache quelconque. Entérite ; diarrhée et vomissements le 13. Le 14 on parvient à arrêter les vomissements et la diarrhée, mais le soir l'enfant est prise de congestion pulmonaire, le faciès reste grippé, hippocratique, cyanosé. Mort le 15 à 10 heures du soir.

16 octobre. — Dans un bateau (en face des forges d'Ivry) arrivé de Belgique, il y a un mois, un enfant de 2 ans 1/2 a été pris de diarrhée cholériforme et transporté d'urgence à l'hôpital Trousseau où il est mort.

19 octobre. — Enfant Marcigny Marie, 5 mois, rue de Beauvais, 11, élevée au sein. Diarrhée verte. Meurt en 4 jours.

21 octobre. — Enfant Mignot, superbe garçon de 10 mois, élevé au biberon, est pris de diarrhée avec

vomissements le 18. Le 21 la diarrhée et les vomissements sont arrêtés dans la matinée, mais l'enfant meurt le soir.

De plus, pendant les mois d'août et septembre, six enfants au sein, ont succombé dans les différents quartiers à une diarrhée cholériforme d'un caractère particulièrement malin et manifestement épidémique. Les mères de ces enfants n'avaient pas, il est vrai, suivi à leur égard les préceptes d'une bonne hygiène alimentaire. Néanmoins la marche de la maladie a été rapide, et la plupart des enfants ont succombé avec convulsions, sueurs froides, algidité, cyanose, dans un état de dépression considérable.

Quant à l'hospice de vieillards d'Ivry, nous avons relevé pendant cette période d'août et septembre, quatre décès avec les mentions suivantes :

1 diarrhée dysentériforme, 77 ans ;
1 diarrhée simple,      88 ans ;
1      —         64 ans ;
1      —         80 ans.

En résumé, pendant l'épidémie de 1892, il y a eu à Ivry, y compris l'hospice des Incurables :

5 décès par *diarrhée cholériforme*, chez des adultes affaiblis, malades ou alcooliques.

4 décès par *diarrhée cholériforme*, chez des adultes en bonne santé.

1 décès par *diarrhée dysentériforme*.

5 décès par *diarrhée simple,* chez des vieillards de
62 à 88 ans.

12 décès d'enfants de 5 mois à 4 ans, dont 6 au sein,
par *diarrhée cholériforme,* de nature épidémique et non
saisonnière.

Sur ces 27 cas de choléra, 4 adultes sont décédés à la
Pitié ; 1 enfant à l'hôpital Trousseau ; 1 enfant à l'Hôtel-
Dieu ; et 4 vieillards à l'hospice d'Ivry.

En jetant un coup d'œil sur nos observations de mortalité, on remarque d'abord que les individus en état de
réceptivité spéciale, affaiblis, alcooliques, gastralgiques,
ayant une tare physiologique, que les vieillards sont
atteints avant les autres et plus gravement que les autres.

Nous remarquons, en outre, qu'au n° 42 de la rue du
Milieu, il y a eu trois décès à deux jours d'intervale
chacun.

Il y a là une *épidémie de maison* qui fixe la durée de
l'incubation qui serait de *2 à 3 jours* au plus.

Cette durée d'incubation se trouve vérifiée une fois
de plus encore dans une petite *épidémie de famille* dont
nous résumons l'observation en quelques mots.

Mme R..., 30 ans, rue Nationale, 22, maison sale,
est prise dans la nuit du 2 septembre, pendant la période décroissante de l'épidémie, d'une violente attaque
de choléra qui guérit en deux jours. Trois jours après,
son mari est atteint de diarrhée cholériforme et guérit
rapidement.

Nous trouvons dans nos observations la contagion directe par contact, et la contagion par l'eau de Seine. (Obs. 6.)

Il est difficile de préciser la marche de l'épidémie de 1894, parce qu'elle s'est développée lentement, que la période de décroissance a été semblable à la période de développement, que les premiers cas véritablement choliformes ont apparu en divers points et presque simultanément.

Nous notons pour la deuxième fois, un des premiers décès sur un bateau de la Seine. La première fois, c'était en 1887. Nous rapprochons ces deux cas de celui de l'obs. 6 (décès à la suite d'ingestion d'eau de la Seine).

Nous n'avons pas d'autres observations à faire sur cette épidémie dont la nature est très particulière. — Au sujet de la topographie — des eaux et des matières fécales, nous n'avons rien à ajouter à ce que nous avons dit à propos de l'épidémie de 1884 et nous ne voyons pas de relations entre ces deux épidémies.

La reviviscence des germes provenant de la mauvaise hygiène des maisons, de la dispersion ou de l'enlèvement des matières fécales est difficile à établir.

Comme dans toutes les épidémies, les habitations malsaines, insalubres, malpropres, les baraques, les forains, les bateaux aux chambres rapetissées au minimum, ont payé la plus large part à la mortalité et à la morbidité.

## 1893

En 1893, on observe à Ivry quelques cas de diarrhée simple avec vomissements à la suite d'indigestion, au commencement de juin.

Le 11 juin, Mangin, 32 ans, rue Nationale, 12, chauffeur aux forges d'Ivry, boit dans la nuit du 10 au 11, baaucoup d'eau de puits. Pris dans la matinée de malaises intestinaux, de choléra dysentérique dans la journée, il meurt à 10 h. 1/2 du soir.

Le 16 juin, l'enfant Dar, rue du Liégat, 76, 4 ans, meurt en trois jours de diarrhée cholériforme.

Cas de diarrhée cholériforme assez fréquents chez les enfants au sein ou au biberon, mais sans caractère d'épidémicité.

Chez trois adultes qui boivent beaucoup d'eau dans la nuit, nous observons le 8 juillet et le 10 septembre des diarrhées avec vomissements bilieux, aphonie, anurie, crampes, algidité, pouls filiforme, faciès abdominal qui guérissent rapidement.

Y a-t-il relation entre cette petite épidémie et celle de l'année précédente? question difficile à trancher.

Quoi qu'il en soit, le rôle de l'eau dans les cas observés en 1893 paraît être prépondérant.

## RÉSUMÉ

Le bilan de la mortalité cholérique à Ivry de 1877 à 1899, se résume dont en 29 décès cholériques qui se décomposent ainsi. (Nous ne tenons pas compte dans notre résumé des 4 décès de l'hospice d'Ivry, en 1892.)

16 adultes, 13 enfants.

*Cinq* adultes sont décédés à l'hôpital de la Pitié ; *un* à l'hôpital Saint-Antoine ; *un* enfant à l'hôpital Trousseau ; *un* enfant à l'Hôtel-Dieu.

Il n'est guère possible de comparer la situation d'Ivry au point de vue du choléra avec d'autres quartiers de Paris ou de la banlieue.

On peut pourtant affirmer, qu'en raison de sa situation géographique, de la qualité relativement bonne — bactériologiquement parlant — de ses eaux de puits, des mesures d'hygiène prises par la commission des logements insalubres, etc., cette situation est satisfaisante et l'une des meilleures peut-être du département de la Seine.

# VARIOLE

En résumant les états que nous avons établis annuellement pour la Préfecture de la Seine, en faisant entrer
en ligne de compte les renseignements fournis par les
médecins d'Ivry, par le service de désinfection, par nos
fonctions de médecin de l'état-civil, de Bureau de bienfaisance, de Sociétés de secours mutuels, en compre-
nant en outre les relevés statistiques faits par nous à la
mairie d'Ivry et dans les hôpitaux de Paris, nous pouvons formuler les appréciations suivantes sur la variole
à Ivry, à partir de 1877.

Nous ferons remarquer tout d'abord que les malades
atteints de variole étaient à cette époque soignés, soit à
domicile, soit dans les hôpitaux de Paris. Pour notre
ville ils allaient surtout à la Pitié. A partir de 1880, nos
varioleux furent dirigés sur Saint-Antoine, et depuis
1884 ils sont transportés à l'hôpital d'Aubervilliers.

Ajoutons que le service de désinfection des maladies

Courbe de la mortalité par VARIOLE à Ivry, de 1877 à 1899.

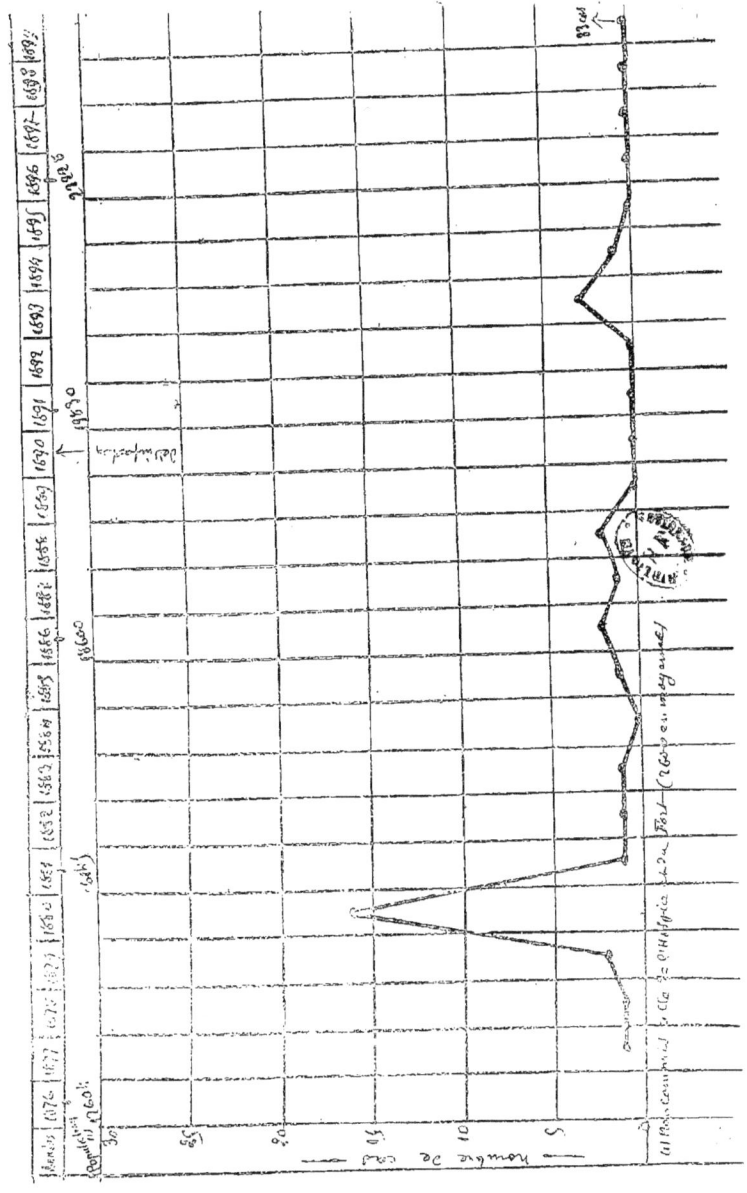

Nombre de cas

contagieuses fonctionnait irrégulièrement vers 1888, assez régulièrement en 1891, et qu'il n'a été complètement organisé avec un registre convenablement tenu qu'en 1893.

Ajoutons aussi qu'en 1879, nous avons organisé un service de vaccinations et revaccinations gratuites que nous sommes arrivé à faire fonctionner presque toute l'année. Notre exemple a stimulé le zèle des sages-femmes et d'autre part les revaccinations dans les écoles se sont régulièrement faites, toutes conditions qui ont heureusement modifié la marche de la variole dans notre ville.

Nous avons des raisons pour avancer que le nombre des cas que nous avons observés personnellement représente environ le tiers de la totalité des cas de variole et de varioloïde.

Nous allons donner par année le relevé de nos observations personnelles — celui de *tous* les cas mortels survenus à Ivry — et le tableau des épidémies plus ou moins sérieuses apparues de temps à autre.

## 1877

Nous avons observé personnellement cinq cas de varioloïde.

On compte un décès d'adulte, suite de varioloïde (?), rue Nationale, 18.

## 1878

Nous avons observé quatre cas de varioloïde.

On compte un décès d'enfant de 4 mois 1/2, non vacciné, suite de variole, rue du Liégat, 58.

## 1879

Nous avons observé neuf cas de varioloïde — 8 chez des enfants de 1 à 8 ans, et le neuvième chez un adulte de 35 ans.

On compte cette année deux décès par variole : un adulte décédé à l'hôpital Saint-Antoine, un enfant de six mois, Sébot, non vacciné, rue Ledru-Rollin, 19, le 11 décembre.

## 1880

Cette année éclate une épidémie sérieuse de variole coïncidant avec une épidémie de variole à Paris.

Un enfant de 13 mois, Hopin, boulevard Sadi-Carnot, 3, non vacciné, meurt de variole le 11 janvier. Un enfant de 3 ans, Rentaux, non vacciné, boulevard de la Zone, meurt le 31 janvier.

Le 31 mars, cas mortel de variole chez un adulte G..., de 39 ans, rue Voltaire, 12, suivi en mai d'un cas mortel chez une femme de 36 ans, femme Marville, rue du Liégat, 106, dans le voisinage du précédent. Cette femme enceinte de six mois, est morte de variole hémorragique.

En avril, le quartier d'Ivry-Port est atteint, et des

foyers s'allument : cité Bourgeois, rue de Seine, 59, rue Molière et quai, 50. Cité Bourgeois, une femme de 22 ans, enceinte de sept mois, transportée à l'Hôtel-Dieu, y meurt de variole hémorragique après avortement. Le 20 avril, meurent à la Cité Bourgeois : Bernard Maria, 22 ans, et un enfant de deux mois, Henriot Françoise. Rue de Seine, 59, meurt une jeune fille, Delpon, Marie, 23 ans, et rue de l'Ouest, un enfant Claudel, de 4 mois 9 jours.

Le 21 juillet, quai 50, meurt Guillaume Lucien, âgé de 46 ans.

Le 11 août, au Petit-Ivry, rue Hoche, est mort un enfant de 19 mois, Minikus, non vacciné.

Cinq autres varioleux sont morts dans les hôpitaux pendant cette épidémie qui a atteint son maximum en mai et juin.

Personnellement nous avons constaté sept cas de varioloïde chez des enfants féminins — cinq chez des enfants masculins — 18 cas chez des femmes — 5 chez des hommes.

En outre, quatre cas de variole confluente chez des femmes et deux chez des hommes.

Nous avons eu cinq cas de mort tant en ville qu'à l'hôpital. Sur ce nombre trois hommes et deux femmes enceintes dont l'une a fait un avortement à six mois, à l'hôpital, et l'autre à sept mois, chez elle, ou elle est décédée.

## ÉTIOLOGIE

D'après le médecin traitant, le premier adulte décédé en avril, aurait été contagionné à Paris, en visitant un parent malade. Ce serait le point de départ du foyer d'Ivry-Centre. Il ne nous est guère possible de préciser le point de départ du foyer d'Ivry-Port.

Le Petit-Ivry a relativement été épargné pendant cette épidémie, puisqu'on n'y observe que deux décès d'enfants non vaccinés, l'un de trois ans, l'autre de dix-neuf mois.

Somme toute, pendant cette année 1880, les cas de varioloïde et de variole ont été fréquents, et l'*on n'a pas observé de varicelle.*

Il y a eu en tout 17 décès à Ivry, dont 3 à l'hôpital de la Pitié, — 2 à l'hôpital Trousseau, — 1 à l'Hôtel-Dieu, — 1 à Saint-Antoine.

La majeure partie des cas de variole et varioloïde se sont déclarés chez des enfants non vaccinés et chez des adultes non revaccinés. On rencontrait ces cas surtout dans les rues et les maisons malpropres (quai 50, rue de Seine, 59, rue Hoche, boulevard de la Zône, etc.), — dans les cités populeuses (cité Bourgeois, etc.) — en un mot dans les endroits où l'hygiène faisait défaut.

Sur les 17 décès dont deux femmes qui ont avorté et ont eu une variole hémorragique, on trouve sept enfants de quatre mois à trois ans, dont quatre n'étaient point vaccinés, à notre connaissance. Les trois autres ne l'étaient même probablement point.

## 1881

Cette année ne compte qu'un décès par variole, à l'hôpital Saint-Antoine, mais pourtant les cas de variole, de varioloïde et de varicelle ont été très fréquents.

Les revaccinations ont été actives pendant toute l'année et elles ont eu raison de l'épidémie.

Les cas de variole ont été plus fréquents en février, mars, avril et mai. Tous se sont produits pendant les trois premiers trimestre de l'année, et le quatrième a été indemne. Tous aussi ont été observés dans les mêmes conditions d'hygiène et d'habitation que l'année précédente.

Pour notre part nous avons eu :

4 cas de de variole confluente ;

1 cas de variole discrète ;

6 cas de varioloïde ;

7 cas de varicelle.

Deux varicelles et une varioloïde chez des enfants de 4, 9 et 8 mois, vaccinés.

## 1882

Un seul décès vers le milieu de juin, d'un enfant de 18 mois, non vacciné.

Les cas de variole et de varioloïde ont encore été nombreux.

Pour notre part nous avons observé :

4 cas de variole confluente dont un chez un enfant de

18 mois, non vacciné, et un autre chez un enfant d'un marchand forain, âgé de deux ans et non vacciné.

Le premier est mort, le deuxième a guéri.

2 cas de variole discrète, l'un chez un adulte, l'autre chez un enfant de deux ans vacciné, ont guéri.

12 cas de varioloïde.

La plupart des cas se sont manifestés en juin.

### Epidémie de quartier

Notons sur ces cas une *épidémie de quartier* (presque de maison).

Chez M. Collin, marchand de vins, dans une baraque en planches, rue Nationale, 40, un enfant non vacciné, âgé de 18 mois, est atteint de variole confluente le 8 juin et meurt.

La mère, revaccinée le 13 juin, est atteinte de variole confluente le 19 juin et guérit.

Un pensionnaire du marchand de vins est atteint de varioloïde le 28 juin. — Guérit.

Le 29 juin, la belle-sœur du marchand de vins est atteinte de varioloïde. — Guérit.

Le 30 juin, c'est le tour du neveu de la bonne du marchand de vins, habitant au n° 32, qui est atteint de variole discrète.

Trois cas de varioloïde dans les maisons voisines.

On ne désinfectait pas encore à cette époque.

## 1883

Un seul décès le 2 août, d'un enfant de 11 mois 1 2, non vacciné. Cet enfant avait en outre la rougeole.

Nous avons observé deux cas de varicelle chez des enfants, et un cas de varioloïde chez un nourrisson de 3 mois, deux fois réfractaire au vaccin et dont la mère était infirmière à l'hôpital Saint-Antoine, section des varioleux.

Ces cas ont été observés au mois de mars.

## 1884

Pas de décès.— Pendant les mois de juillet et août nous avons observé 4 cas de varicelle, 1 cas de varioloïde et 1 cas de variole discrète chez des enfants de 18 mois à 3 ans 1/2, vaccinés.

## 1885

Un seul décès au mois de novembre, d'un enfant de 9 ans, rue du Grand-Gord, 63, vacciné (Lécuyer Alphonse).

Au mois de septembre nous avions observé dans le même quartier un cas de variole confluente qui a duré 3 mois chez une jeune fille de 14 ans, vaccinée trois fois sans succès, et la dernière fois remontant à trois ans ! (Loiseau Marie, rue du Vieux-Chemin, 1) — 2 cas de varicelle — 2 cas de varioloïde dont l'un survenu chez une enfant de trois ans, et suivi, deux jours après, de scarlatine.

## 1886

Deux décès en juin. — Le 12 juin, Berthe Robert, 17 ans, route de Choisy, 47. — 23 juin, Menaux Laure, 25 ans, rue Nationale, 60. La première au Petit-Ivry, la seconde à Ivry-Port.

En mai et juin, nous avons observé 4 cas de variole discrète — 6 cas de varioloïde — 10 cas de varicelle.

## 1887

Un décès le 4 février de l'enfant Durieu Louis, 5 mois 6 jours, non vacciné, rue Hoche, 10.

Nous avons observé : 3 cas de varioloïde — 6 cas de varicelle.

## 1888

Deux décès d'enfants non vaccinés : Ferry Henri, 3 mois 6 jours, route de Choisy, 69, en juin — et un autre enfant de 11 mois, Baudier Emile, à l'hôpital d'Aubervilliers.

Nous avons observé 3 cas de variole discrète et 2 cas de varioloïde, dont l'un chez un enfant de 13 mois, non vacciné.

## 1889

Pas de décès. — Nous avons observé 3 cas de varioloïde dont l'un chez un enfant de 5 mois non vacciné, et 1 cas de varicelle.

## 1890

Pas de décès. — Nous avons observé 8 cas de varicelle dont 3 cas dans la même famille — ce qui est très fréquent.

## 1891

Pas de décès. — Nous n'avons observé ni variole, ni varioloïde, mais seulement six cas de varicelle.

## 1892

Pas de décès. — Nous n'avons observé ni variole, ni varioloïde, mais seulement 14 cas de varicelle dont trois dans la même famille.

## 1893

Trois décès, dont un à l'hôpital d'Aubervilliers.

Pendant cette année, une épidémie de variole, bénigne du reste, s'est déclarée à Paris, pendant le 2e semestre.

L'épidémie se répandit à Charenton, Saint-Maurice, et aucun cas n'existait à Ivry lorsque l'importation se fit à Ivry de la façon suivante, d'après les renseignements puisés auprès des malades soignés par mes confrères :

### COMMENT SE PROPAGE LA VARIOLE

Une demoiselle Vehnem, âgée de 17 ans 1/2, bonne chez Mme R..., rue Eugène Delacroix, 25, à Saint-Maurice, vint malade chez ses parents, à Ivry, rue Grand-Gord, 2. Une variole confluente emporta cette jeune fille en quinze jours, le 7 octobre 1893.

La patronne de cette bonne fut atteinte de variole après le départ de la bonne et guérit.

Une dame Col, née Chenay, âgée de 29 ans, arrivéeà Paris le 9 septembre, entrait le 30 septembre au service de Mme R... pour remplacer la bonne malade. — Le 17 octobre, soignant sa patronne atteinte de variole, elle tomba malade et vint chez ses parents à Ivry, rue Nationale, 46. Atteinte d'une éruption confluente, elle fut envoyée à l'hôpital Saint-Antoine d'où elle sortit guérie le 10 décembre.

Le 30 octobre, non loin du n° 46, au n° 69 de la rue Nationale, un enfant Allard a été envoyé à Saint-Antoine par un confrère, sous la rubrique variole, et a guéri.

Le 25 octobre, mourait, rue Franklin, 27, de variole confluente une dame Dars, femme Teyssier, âgée de 22 ans, travaillant aux coussins des wagons de la Cie de matériel de chemins de fer.

Une demoiselle Staube, âgée de 16 ans, fut atteinte le 20 décembre de variole discrète, dans la même maison et guérit.

Aucune mesure de désinfection ne fut prise après le premier cas, dans cette maison. — La préfecture prévenue, après le deuxième cas, par le médecin traitant, fit désinfecter, comme elle prit des mesures lorsque nous l'avisâmes du foyer de Charenton, Saint-Maurice.

Des revaccinations nombreuses furent pratiquées dans les maisons atteintes et chez les personnes qui voulurent bien s'y prêter, sur l'avis pressant des médecins.

En outre, nous avons observé pour notre part en janvier un cas de varicelle, — un en mars, — un en
mai. — Puis une épidémie de varicelle très accentuée se
manifesta en octobre, novembre et décembre, et attei-
gnit un nombre considérable d'enfants. — Environ
200 cas furent examinés par nous, dont six offraient les
caractères voisins de la varioloïde, et se rapprochaient
beaucoup de celle-ci. Un certain nombre de cas sont
survenus chez des enfants vaccinés quelques mois auparavant. Tous ceux observés l'ont été chez des enfants de
6 mois à 6 ans. — Des enfants *non vaccinés* en bas
âge ont été atteints de *varicelle seulement*, au contact
de leurs frères ou sœurs.

L'éruption souvent même buccale et pharyngée,
s'accentuait au fur et à mesure de la durée de l'épidémie.

## 1894

Un décès: Enfant B..., 2 mois, 24 septembre. — En
mars, chez une femme de 27 ans, enceinte de six mois,
nous observons le *cas intéressant* d'une varioloïde avec
purpura et papules hémorragiques généralisées, qui guérit en quinze jours, sans avortement. Elle fut soignée à
l'hôpital.

En juin, nous avons observé un enfant de 6 ans
atteint de varioloïde. Trois jours après il fut pris de broncho-pneumonie double grave qui a guéri.

En août, nous avons eu connaissance des faits suivants, qui prouvent qu'on peut avoir la variole un peu par sa faute :

### Variole volontaire. — Mort. — Désinfection et revaccination doivent marcher de pair

Le 1er août 1894, rue Nationale, un sieur B... H..., 23 ans, vacciné, est atteint de variole. Reste à l'hospice des varioleux à Aubervilliers, du 2 au 26 août, guérit. C'est un garçon marchand de vin. Après son départ à Aubervilliers, on désinfecte ses vêtements à l'étuve, puis la chambre qu'il occupait.

Le personnel composant la maison n'est pas revacciné.

Le marchand de vins, *frère* du malade, a une petite fille de 30 mois, vaccinée, et sa femme est enceinte. L'accouchement a lieu le 10 août. On place l'enfant en nourrice, — et toujours personne de vacciné !

Le 10 septembre l'enfant de 30 mois est atteinte de variole discrète et guérit.

Le va-et-vient de la mère chez la nourrice, et de la nourrice chez la mère, communique la variole au dernier né, âgé environ de 50 jours, et non vacciné !

Cet enfant *meurt* le 24 septembre, *ramené chez ses parents.*

Et toujours personne de revacciné !

On va de nouveau désinfecter, il est vrai, mais on ne revaccine pas — et ce marchand de vins a 40 à 50 pensionnaires à déjeuner et à dîner !

Le foyer est créé, chez la nourrice, chez les parents, et on se contente de désinfecter !

Nous ajouterons même que chez la nourrice la désinfection n'a pu être faite, la nourrice *faisant* la malade, et son mari tuberculeux, gardant le lit.

Malgré le signalement du décès par variole du 24 septembre, par le médecin de l'état-civil, l'administration n'a pris aucune mesure, — la vaccination n'étant pas obligatoire.

Cette observation démontre que la désinfection ne suffit pas dans le cas de variole, qu'il faut en plus, revacciner, car le petit garçon ne serait pas mort, sa sœur ne serait pas défigurée — et les deux foyers créés eussent été sûrement éteints au lieu d'être seulement recouverts.

Dans l'espèce, il n'y a, *heureusement*, pas eu de propagation.

En plus de ces cas nous avons eu, en 1894, 6 cas de varicelle.

## 1895

Pas de décès, nous avons observé deux cas de varioloïde chez des enfants l'un de 5 ans, l'autre de 13 ans, vaccinés.

Onze cas de varicelle dont trois se rapprochant de la varioloïde et plusieurs dans la même famille.

## 1896

Pas de décès.—A la fin de décembre, un certain nombre

de cas de varioloïde ayant été observés au Petit-Ivry, la désinfection des Ecoles du Petit-Ivry fut opérée pendant les vacances du jour de l'an. — Nous n'avons observé pour notre compte que un cas de varicelle et un cas de varioloïde, cette année, et au Petit-Ivry.

## 1897

Pas de décès. — Neuf cas de varicelle dont un chez un enfant de 5 mois vacciné un mois auparavant.

## 1898

Pas de décès. — Neuf cas de varicelle. Epidémie de varicelle pendant mars et avril. — Une fillette de 8 ans, Buchmeyer, vaccinée, est atteinte le 2 janvier. Son frère âgé de 5 mois, non vacciné, est atteint le 15 janvier, et présente environ cinq fois plus de pustules, surtout à la tête, dans le dos, en avant de la poitrine et peu au visage. — Pas de réaction fébrile. Vaccinée le 15 janvier, l'éruption vaccinale se fait normalement.

## Résumé

Nous venons de montrer la marche de la variole à Ivry de 1877 à 1898, avec les particularités que nous avons constatées.

Comme nous savons qu'il n'y a pas eu de décès par variole à Ivry, en 1899, ni en ville, ni dans leshôpitaux, il s'en suit que pendant une période de 23 années, c'est-à-dire de 1877 inclusivement à 1899 inclusivement, il y a eu à Ivry :

33 décès par variole (24 en ville — 9 dans les hôpitaux de Paris). Sur ces 33 décès, il y en a 11 d'enfants en bas âge non vaccinés.

L'année 1880 compte à elle seule 16 décès — 1886 et 1888, 2 — 1893, 3.

### Étiologie

Les épidémies de variole dans notre ville coïncidaient avec celles du département de la Seine. — Pourtant il est bon de dire qu'elles apparaissaient lorsque Paris et les communes avoisinant Ivry étaient envahies.

Il n'a pas toujours été facile de se rendre compte de la manière dont l'envahissement s'est fait. Les communications, les rapports et les contacts des habitants du département de la Seine avec Paris sont constants et journaliers.

Nous avons vu cependant que l'épidémie de 1880 à Ivry est d'importation parisienne, comme celle de 1893 a été manifestement importée de Charenton-Saint-Maurice qui probablement la tenait de Paris.

Pendant les autres années, les cas de variole sont isolés et il est impossible d'en déterminer l'origine.

Ces cas isolés sont, pour la plupart, survenus chez des enfants non vaccinés.

Aucun décès de 1889 à 1893, et aucun de 1895 à
1900.

On peut donc dire que la variole est rare et a presque
totalement disparu de notre pays, malgré l'accroisse-
ment notable de la population pendant la période que
nous avons étudiée, et comme l'indique la courbe ci-
joint.

— Nous croyons devoir rappeler les deux cas de variole, en 1880, chez deux femmes enceintes qui sont
mortes de variole hémorragique après avortement. —
En 1894, nous avons eu un cas de varioloïde hémorragique avec purpura chez une femme enceinte qui a guéri
sans avortement.

Ces faits tendraient à démontrer que la variole est
particulièrement grave et prend la forme hémorragique
chez les femmes enceintes.

— Signalons aussi l'enfant de 11 mois et demi, non
vacciné, qui est mort de *variole* survenue en même
temps qu'une *rougeole*.

— Notons encore le cas assez fréquent de *broncho-
pneumonies* varioliques qui compliquent sérieusement la
variole.

Nous n'insisterons pas sur les causes de la rareté de
la variole de nos jours : désinfection, vaccinations, revaccinations régulières à la mairie, revaccinations dans les
écoles.

Mais les revaccinations et la désinfection ne sont pas
toujours pratiquées de façon sérieuse et *à temps*. On

peut avoir la variole aujourd'hui faute de précautions hygiéniques, comme on a pu le voir, en 1893, rue Francklin.— On peut même, dirons-nous, mourir volontairement de variole comme nous l'avons démontré dans notre exposé de l'année 1894.

### COMPARAISON AVEC PARIS

A partir de 1877, les grands mouvements varioliques se sont produits à Paris pendant les années 1879-80-81-82-83-86-87-88. — En 1880 il y a eu à Paris 2.158 cas de variole, plus du double des années 1879 et 1881 qui sont les plus meurtrières.

Cette année 1880 a fourni à Paris 99 décès pour 100.000 habitants.

La proportion à Ivry est de 96 décès pour 100.000 habitants.

# QUELQUES MOTS SUR LA VARICELLE

Nous voudrions donner nos impressions et le résultat de nos observations au sujet de la varicelle.

La varicelle est-elle une entité morbide, une maladie indépendante, ou bien une des formes de la variole, ou encore une contagion vaccinale ?

Hébra prétend que la varicelle est une des formes de la variole

Si l'on songe que la varicelle se manifeste brusquement, sans prodromes, sans fièvre ou avec peu de fièvre la plupart du temps ; si l'on se rappelle la rapidité de son évolution, la fréquence des épidémies comparativement à la variole ; si l'on sait qu'elle atteint les enfants récemment vaccinés, que son inoculation ne produit que la varicelle, que son incubation est variable comme durée, tandis qu'elle est fixe dans la variole ; que les deux maladies variole et varicelle ne donnent pas l'immunité réciproque puisque la varicelle peut s'observer pendant ou peu de temps après la variole, on ne doutera plus de la dualité de ces affections.

Se reporter à ce sujet à notre compte rendu de 1893.

Nous savons, par expérience personnelle, que la varicelle est éminemment contagieuse, toujours bénigne, qu'elle s'observe en dehors des épidémies de variole, et que si parfois elle se rapproche, par l'accentuation de ses symptômes, de la varioloïde, c'est quelle est observée chez des enfants non vaccinés ou à la période d'état d'une épidémie de varicelle, ou dans un foyer épidémique. Elle se comporte dans ce cas comme la plupart des maladies infectieuses, c'est-à-dire que trouvant un terrain tout préparé ou mieux préparé et la virulence augmentant avec la durée de l'épidémie, les symptômes sont plus accentués et se différencient plus difficilement d'une varioloïde atténuée.

Nous ne parlerons point de la varicelle impétigineuse, c'est-à-dire de cette varicelle qui se montre chez les enfants strumeux, où les vésicules après le troisième jour au lieu de se dessécher, se rompent, laissent échapper un liquide un peu trouble, sanieux et ne reprennent qu'au bout de deux ou trois jours l'aspect de la varicelle, c'est-à-dire qu'elles se recouvrent d'une croûte noirâtre, laissant quelquefois après elle une cicatrice légère plus ou moins indélébile, plus ou moins accentuée, selon l'état strumeux de l'enfant ou les grattages plus ou moins violents qu'elle a pu subir. — D'ailleurs, les pustules de vaccin chez un enfant strumeux deviennent, elles aussi, impétigineuses.

L'éruption varicellique impétigineuse, peut donc à un moment donné, laisser le diagnostic douteux. De durée plus longue que la varicelle simple, elle guérit néanmoins plus rapidement que l'impétigo.

Nous arrivons à parler d'une brillante étude de la question par M. Talamon, parue en 1894.

Nous retrouvons bien dans cette étude les arguments des partisans de l'unicité, et d'après les remarques et les observations que nous avons publiées plus haut nous devrions être uniciste, puisque nous avons remarqué la coïncidence (rare toutefois) des épidémies de variole et de varicelle — et la confusion possible et fréquente des symptômes des deux maladies varioloïde et varicelle.

L'hypothèse de M. Talamon, à savoir que la varicelle ne serait que la vaccine atténuée est séduisante.

La varicelle, dit-il, serait à la vaccine ce que la varioloïde est à la variole, et l'on serait ainsi amené à cette gradation : varicelle — vaccine — varioloïde — variole qui seraient les formes d'une même maladie et les effets différents d'un même virus.

Mais voyons comment se comportent les faits.

D'après nos tableaux statistiques annuels, nous voyons que les cas de varicelle sont rares pendant les épidémies de variole et sont au contraire fréquents dans les années où il n'y a pas de variole. Il y a exception pour l'année

1893 où pendant le dernier trimestre il s'est manifesté une épidémie considérable de varicelle coïncidant avec quelques cas seulement de variole.

La varicelle apparaît en toute saison, mais principalement en octobre, novembre et décembre. On ne peut pas dire que c'est parce que les revaccinations se pratiquent généralement en octobre dans les écoles, car, pratiquées par nous en juillet 1888 et 1889, sur une vaste échelle, elles n'ont pas été suivies d'épidémie varicellique, quoique ayant donné une forte proportion de succès.

Nos vaccinations annuelles et nombreuses à la mairie depuis 20 ans, pendant les mois d'avril, mai et juin surtout, ne nous ont pas donné occasion non plus de remarquer l'éclosion ou la recrudescence d'une épidémie de varicelle.

Les revaccinations en masse à domicile, dans la rue même, ou dans les familles — plus ou moins suivies de succès — ne nous ont pas fait observer consécutivement d'éruption varicellique.

Il est vrai de dire que la varicelle étant une maladie d'enfant en bas-âge, il y a des raisons pour que dans les écoles, les familles, et en un mot chez des enfants déjà grands et chez les adutes, la résistance soit plus grande à la contagion vaccinale, mais ces jeunes vaccinés pourraient la communiquer à leurs frères et sœurs ou à des enfants en bas âge, ce que nous n'avons pas observé.

Quoi qu'il en soit, dans les cas où il y a coïncidence d'épidémie variolique et varicellique, c'est en général l'épidémie de variole qui a commencé.

Notre opinion est que la varicelle est une maladie spécifique éminemment contagieuse.

## CONCLUSIONS

La variole tend à disparaître complètement de notre ville.

Elle suit le mouvement épidémique de Paris.

Le taux de la mortalité à Ivry est inférieur à celui de Paris.

Pendant les épidémies qui se sont produites à Ivry, on a remarqué qu'elle est presque toujours mortelle chez les enfants non vaccinés, chez les femmes enceintes où elle prend la forme hémorragique et amène l'avortement.

La varioloïde accompagne toujours les épidémies de variole et sa fréquence est en raison inverse de la gravité de l'épidémie.

La varicelle accompagne aussi les épidémies de variole, mais s'observe en dehors de toute épidémie, et principalement au commencement de l'hiver.

Elle est très contagieuse et nous la croyons spécifique.

L'efficacité des mesures de désinfection, d'isolement, des vaccinations et des revaccinations ressort tellement des faits relatés dans notre tableau, qu'il est permis d'affirmer la possibilité de la disparition complète de la variole partout où l'on prendra sérieusement ces mesures.

# FIÈVRE TYPHOÏDE

Nons donnerons d'abord nos résultats statistiques puis nous les ferons suivre des réflexions qu'ils comportent.

## MORTALITÉ GÉNÉRALE

De 1877 à 1898, le nombre des décès à Ivry par suite de fièvre typhoïde, seule rubrique adoptée à cette époque pour désigner la même maladie, a été de 176 décomposés ainsi :

> 1 à l'hôpital Cochin ;
> 1 à l'hôtel-Dieu ;
> 6 à l'hôpital Trousseau ;
> 35 à l'hôpital de la Pitié (26 hommes et 9 femmes) ;
> 133 en ville.

Total 176.

Courbe de la mortalité par FIÈVRE TYPHOÏDE, à Ivry, de 1877 à 1899

Dix-neuf entrées à l'hôpital Saint-Antoine, n'ont donné aucun décès.

Examinons la courbe de la mortalité ci-dessous, dressée d'après le nombre de décès annuels quelque soit le chiffre de la population. Les chiffres de la population d'après chaque recensement quinquennal sont inscrits à l'année du recensement et permettront de rectifier facilement la courbe. D'ores et déjà l'on peut dire à première vue que la fièvre typhoïde est endémique à Ivry, qu'il y a des poussées de temps à autre, que depuis 1883, elle va en décroissant, et que les chiffres de la mortalité se maintiennent très bas à partir de cette date : résultats de la désinfection, puis de l'usage d'eau filtrée au lieu d'eau de Seine, mais nous reviendrons sur cette question.

Remarquons en outre que la baisse de la courbe se produit au fur et à mesure que la population augmente, ce qui lui donne une signification et une portée plus grandes.

### MORTALITÉ SELON L'AGE.

Si nous examinons notre tableau des 176 décès au point de vue de l'âge, nous arrivons aux résultats suivants :

    5 au-dessous de 2 ans  
    14 entre 2 et 5 ans    } (38 de 0 à 10 ans) ;  
    19 entre 5 et 10 ans

60 de 10 à 20 ans ;

46 de 20 à 30 ans ;

23 de 30 à 40 ans ;

5 de 40 à 50 ans ;

3 de 50 à 60 ans ;

1 de 66 ans.

La courbe de la mortalité par rapport à l'âge est donc conforme à ce que l'on sait déjà.

Elle atteint son *summum* de 10 à 20 ans, reste élevée de 20 à 30 ans, puis baisse rapidement.

## MORTALITÉ MENSUELLE

Pendant les mois de :

| | | | |
|---|---|---|---|
| janvier | 16, | juillet | 17, |
| février | 11, | août | 21, |
| mars | 14, | septembre | 17, |
| avril | 15, | octobre | 13, |
| mai | 16, | novembre | 12, |
| juin | 13, | décembre | 11. |

La courbe de la mortalité mensuelle est presque horizontale et offre peu de variations.

On remarque toutefois que les points les plus élevés sont en juillet, août et septembre.

## MORTALITÉ SELON LE SEXE

Résultat curieux : 88 féminins, 88 masculins.

D'après les statistiques parisiennes, la mortalité est moindre dans le sexe féminin que dans le sexe masculin.

## MORTALITÉ PAR QUARTIERS

Ivry-sur-Seine est divisé en trois quartiers :

*Ivry-Port*, compris entre les berges de la Seine et la ligne d'Orléans ; *Ivry-Centre*, au bas de la colline ; *Petit-Ivry*, sur le sommet de la colline.

Les cas de mortalité se décomposent ainsi pour chaque quartier, dont nous donnons la population d'après le dernier recensement :

Ivry-Port :     8.130 habitants, 87 décès ;
Ivry-Centre : 6.937 habitants, 47 décès ;
Petit-Ivry :    7.161 habitants, 42 décès.

## COMPARAISON DE LA MORTALITÉ A IVRY AVEC LA MORTALITÉ A PARIS

D'après les chiffres officiels, il y a eu, de 1877 à 1893, 955 décès à Paris par 100.000 habitants.

A Ivry, 157 décès pour une *moyenne* de 18.000 habitants.

En ramenant au même dénominateur, on trouve, pendant cette période, une mortalité à Ivry de 855 pour 100.000 habitants, c'est-à-dire inférieure de 1/10 environ à celle de Paris.

Au contraire, de 1894 à 1899, nous trouvons 2.305

décès à Paris; 28 à Ivry. Toutes proportions gardées, cela donne :

3.700 à Ivry — 2.305 à Paris,
ou    28 à Ivry —    17,5 à Paris.

La mortalité à Ivry, malgré sa baisse considérable depuis 1894, devient sensiblement supérieure à celle de Paris. Nous expliquerons tout à l'heure ces contradictions apparentes.

### MORTALITÉ PAR RAPPORT A LA MORBIDITÉ

Depuis l'obligation de la déclaration des maladies contagieuses, il nous eût été facile de comparer les cas de mortalité avec les cas déclarés, mais nos fonctions nous mettant à même de savoir comment la loi est observée, nous ne donnerons pas les résultats de cette comparaison qui seraient illusoires et ne prouveraient absolument rien. Il faut des bases solides à la statistique si on veut en tirer des déductions vraies et utiles. Ceci dit sans aucune intention critique envers le corps médical qui ne devrait pas, à notre avis, être l'agent obligé et responsable des déclarations. Nous ne parlons pas des mille difficultés que cette déclaration offre dans la pratique, lors même que le médecin met tous ses soins à l'observation de la loi.

D'après certains statisticiens, la mortalité à Paris serait de 18 à 20 %, en ville; de 12 % environ dans les hôpitaux.

Dans l'impossibilité de connaître dans notre ville populeuse et étendue où exercent les médecins du pays et ceux des alentours, le nombre des cas de fièvre typhoïde observés, nous ne pouvons que donner les résultats de notre pratique personnelle. Or, nous n'avons pas eu plus de 10 % de décès. Nous n'éprouvons aucune difficulté à reconnaître que ces résultats sont dûs à des séries très heureuses, plutôt qu'à notre traitement.

### RÔLE DES DÉSINFECTIONS

Si la déclaration des maladies contagieuses est mal faite, la désinfection est l'objet des soucis de tous les médecins, et se fait en toutes circonstances, même et surtout pour la tuberculose non portée au tableau des maladies à désinfecter. D'ailleurs, le public la réclame pour la tuberculose plus que pour les autres maladies contagieuses.

En ce qui concerne la fièvre typhoïde, nous pouvons remarquer que la courbe de la mortalité commence à baisser dès 1890.

A partir de 1891, les désinfections sont faites plus régulièrement. Aussi, les épidémies de famille et de maison deviennent-elles plus rares, sans disparaître tout à fait.

Les résultats ne sont peut-être pas aussi apparents dans la fièvre typhoïde que dans d'autres maladies contagieuses, mais ils n'en existent pas moins et ne manquent point d'importance.

Si les préceptes et les précautions recommandées auprès du malade par le médecin étaient observés, la propagation serait bien moins prompte et réduite au minimum. La contagion réduite à o, il ne resterait que la propagation par l'eau.

### ORIGINE ET PROPAGATION DE LA FIÈVRE TYPHOÏDE

L'eau contenant le bacille d'Eberth ou le coli-bacille, est toujours considérée comme le principal facteur dans l'étiologie de la fièvre typhoïde. C'est d'ailleurs ce qui explique l'état endémique de cette maladie, de même que la propagation, les épidémies de famille, de maison, de quartier, les foyers épidémiques ont pour cause, malgré la désinfection, les contacts, les fosses d'aisance malpropres et mal aménagées, les vases, les vêtements, les linges contaminés et les poussières.

Nous entendions autrefois le professeur Lorain dire et répéter : « Il y a des fièvres typhoïdes, parce qu'il y a des fièvres typhoïdes. » Aphorisme très exact étant donné les modes de transmission de cette maladie. On ne sort pas, en effet, d'un cercle vicieux, puisqu'elle se propage d'abord par contact, et qu'ensuite elle souille par son germe spécifique les eaux de toutes sortes, potables ou non, dont on fait usage volontairement ou involontairement.

Que les causes de transmission par les malades soient supprimées, et que l'on ne boive que de l'eau pure servant également aux usages domestiques, et la fièvre typhoïde s'éteint !

C'est une des maladies évitables les plus faciles à combattre, à notre avis, avec les données d'hygiène et les connaissances scientifiques actuelles. Mais l'éducation du public est longue et difficile à faire, les notions d'hygiène pratique, si utiles partout et pour tous, sont difficiles à répandre et à porter leurs fruits.

Mais revenons à notre sujet.

## Eaux potables. — Topographie. — Nature du sol

Ivry-sur-Seine, nous le répétons, est situé sur les bords de la Seine et s'étend de la rive gauche jusqu'au sommet de la colline qui borde la vallée.

La population, jusqu'en 1894, ne buvait que de l'eau de Seine; les fontaines et robinets ne débitaient que de l'eau de Seine.

Il n'y a pas encore de tout-à-l'égout à Ivry, mais de nombreux égoûts déversant les eaux résiduelles d'usines, polluent l'eau dès le barrage de Port-à-l'Anglais.

Les compagnies de vidange, comme nous l'avons dit à propos du choléra, déversent (épandage imprévu), souvent en fraude, moins aujourd'hui qu'autrefois, leurs tonneaux de vidange dans les égoûts, dans les plaines, sur les berges même, d'où ces vidanges sont

5

entraînées par les eaux de pluie dans la Seine, si elles ne s'y rendent directement.

Les fosses fixes ne sont pas toujours étanches et de nombreuses fosses mobiles existent dans beaucoup de maisons.

Les puits sont sujets à des infiltrations de toutes sortes. Installés dans les cours, les dalles qui les recouvrent, d'abord bien cimentées, se disjoignent, et les eaux de balayage, les eaux de pluie qui lavent les cours, s'écoulent en partie directement dans les puits. Les eaux de fabrique, par infiltration, dénaturent souvent les eaux de puits qui deviennent imbuvables.

Les puits, s'ils n'étaient contaminés, fourniraient une eau, filtrée géologiquement, qui ne serait pas précisément une eau potable, mais serait du moins irréprochable au point de vue bactériologique.

En effet, dans la vallée de la Seine, les puits donnent de l'eau à 5 ou 6 mètres de profondeur. Les couches géologiques se succèdent ainsi : sable calcaire à o m. 5o ou 1 mètre de la surface du sol — puis couche de sable d'environ 8 mètres d'épaisseur — couche d'argile — ensuite couche de roches calcaires — et nouvelle couche imperméable.

De sorte que les eaux de puits sont des eaux de Seine filtrées et bien filtrées par le sol. Mais le sol est tant remué — il est imprégné de tant de liquides impurs — toujours creusé de tant de puisards ; les infiltrations des terrains de voisinage sont si fréquentes et si fréquents aussi les mélanges avec les eaux de pluie ou de balayage, qu'il n'y a guère de puits contenant de l'eau pure.

Aujourd'hui, le régime des eaux de boissons à Ivry a été modifié, et au lieu d'eau de Seine, on distribue aux habitants de l'eau filtrée par le système géologique dans les usines de la Compagnie générale des Eaux, à Choisy-le-Roi.

Malheureusement, toutes les habitations ne reçoivent pas cette distribution, soit à cause des frais de canalisation, soit à cause de l'éloignement des conduites principales. — Celles qui ne reçoivent pas d'eau filtrée ou qui n'ont point constamment recours aux bornes fontaines, usent de l'eau de puits — voir même d'eau puisée directement à la Seine ou amenée dans des réservoirs pour le service de certaines usines; aussi la fièvre typhoïde est-elle endémique.

### Rôle des eaux dans la propagation de la fièvre typhoïde. — Bassins filtrants

Pour bien faire comprendre l'importance des eaux dans l'étiologie et la propagation de la fièvre typhoïde, nous allons donner la description des bassins filtrants qui fonctionnent depuis le mois de janvier 1896, et qui ont donné jusqu'ici de si heureux résultats.

« Le 20 janvier 1894, la Compagnie générale des Eaux signait, avec le département de la Seine, une

convention pour l'épuration des eaux. Les travaux
d'exécution des filtres ont commencé aussitôt. Les
filtres terminés étaient peu à peu mis en service, de
telle sorte que, pendant les années 1894 à 1895, l'eau
naturelle et l'eau filtrée ont été mélangées dans des proportions indéterminées. L'alimentation s'est faite exclu-
sivement en eau filtrée à partir de 1896. » (Extrait
d'une lettre du Directeur de la Compagnie des Eaux,
9 octobre 1899).

Les filtres en question sont ceux de Choisy-le-Roi, qui
desservent aujourd'hui la population d'Ivry.

Le système de filtration est le système dit géologique.

Voici en quoi consiste celui des nombreux et vastes
bassins (1) que la ville de Paris fait construire à Ivry
depuis le 1er avril 1899, que nous avons visités plusieurs fois pendant leur construction et pendant leur
fonctionnement, grâce à l'amabilité de M. Dejust, directeur des usines élévatoires d'Ivry.

Ce système était à l'essai en août 1899, et a fourni
de l'eau filtrée pendant quinze jours, durant les grandes
chaleurs de cet été.

L'eau de Seine, puisée en amont du Pont d'Ivry, à
Ivry, quai du Port-à-l'Anglais, arrive dans un bassin
rectangulaire cimenté de toutes parts, où elle dépose
une partie de son limon.

De ce premier bassin, où elle ne séjourne pas, elle

(1) Au moment de notre travail, il y en avait trois de construits
sur huit à construire.

passe dans une série de trois basssins rectangulaires, également cimentés de toutes parts : elle y arrive successivement de l'un à l'autre par un canal latéral à vannes, cimenté, qui permet d'isoler les filtres et, par suite, de les nettoyer.

Dans le fond du premier de ces trois bassins, se trouve une couche d'environ 5o centimètres de gros cailloux de rivière ; dans le deuxième, du gros gravier de rivière, et dans le troisième du gravier fin.

L'eau laisse déposer sur ces cailloux une partie des matières qu'elle tient en suspension, et à la suite de ce dégraissage de l'eau dans ces trois barrages (système breveté Puech, fabricant de draps à Mozamet, Tarn), l'eau de Seine a perdu 3o °/₀ de ses bactéries.

Ensuite, l'eau passe dans de grands bassins filtrants d'une centaine de mètres carrés de superficie chacun.

D'autres barrages desservent d'autres bassins filtrants, etc.

Les bassins filtrants sont aussi cimentés de toutes parts. Dans le fond se trouve une couche de pierres meulières et de cailloux, destinés à empêcher la déperdition de la couche de sable de la Loire qui la recouvre d'une épaisseur de o m. 5o.

L'eau arrive sur cette couche de sable et, peu à peu, s'écoule par un angle du bassin dont le fond est en pente douce.

Le filtrage produit bientôt sur la couche de sable un

diaphragme gélatineux constitué par des matières organiques qui le ralentissent peu à peu.

Cette couche ou ce feutrage, constitue comme on le sait, le véritable filtre, mais au bout de 5 ou 6 semaines le débit étant trop lent, il devient nécessaire d'enlever ce diaphragme qui durcit lorsqu'il est exposé à l'air, ce qui entraîne aussi l'enlèvement d'une couche de sable de deux centimètres, de sorte que la couche primitive de sable de o m. 5o diminue d'épaisseur et doit être renouvelée environ tous les ans.

Cette opération enlève près de 70 °/₀ des bactéries de l'eau de Seine, de sorte que de 54.000 bactéries (moyenne annuelle, 53.910) par centimètre cube à l'entrée dans les bassins de dégraissage, elle n'en contient plus ou ne doit plus en contenir que 150 ou 200 à la sortie des bassins filtrants. Mais ces chiffres sont sujets à variations dépendant de bien des circonstances. — Ainsi, on peut, à l'aide de robinets et de vannes *graduer le débit* de chaque bassin, de sorte que l'eau peut rester plus ou moins de temps à traverser les filtres et, par conséquent, se débarrasser plus ou moins complètement de ses microbes.

De plus, le bassin central où se déversent tous les filtres, et les conduites de refoulement dans les réservoirs, peuvent augmenter le nombre des bactéries selon leur bon état d'entretien, selon qu'ils ne conduiront jamais ou rarement d'eau de Seine non filtrée, etc. Certaines négligences dans le fonctionnement des filtres pourraient avoir de graves conséquences, mais elles ne sont point à craindre, avec une surveillance étroite.

Quoi qu'il en soit, la ville de Paris essaye ce système sur quelques bassins. L'ancien système de décantation par écoulement lent dans trois bassins pareils à ceux de dégraissage (sauf les cailloux du fond) fonctionne sur le plus grand nombre de filtres.

On utilise les sables de la Loire, au lieu des sables de la Seine, parce qu'ils sont formés de désagrégation et de débris volcaniques et ne sont point calcaires. On sait que les sables de la Seine donneraient des eaux séléniteuses comme le sont les eaux de puits de la région.

Les bassins filtrants des usines de Choisy-le-Roi sont disposés comme l'ont été après eux ceux d'Ivry, avec cette différence qu'avant leur arrivée dans les bassins de décantation et de filtrage, les eaux passent dans ce qu'on appelle des revolvers, sortes de grands cylindres à rotation lente et continue, remplis de fers oxydés.

Comme il a été démontré que cette opération préliminaire n'avait aucune influence sur les résultats bactériologiques, et n'augmentait ni la pureté, ni la qualité des eaux, on les a supprimés à Ivry.

Des ingénieurs prétendent toujours que l'eau de Seine est la meilleure des eaux et que plus une eau contient de microbes, meilleure elle est. Ils citent à l'appui l'analyse de l'eau de Seine après 48 heures de séjour en vase, et dans laquelle on trouve des matières organiques, mais plus de microbes, lesquels se seraient détruits réciproquement, tandis qu'ils se conservent plus longtemps et pullulent dans les eaux de source. Malheureusement, on ne peut analyser l'eau immédiatement avant de la boire, et ces paradoxes d'ingénieurs ne valent pas l'éclatante démonstration expérimentale et clinique.

Laissons ces expériences et idées particulières, et voyons les résultats obtenus par les eaux de Seine filtrées qui n'ont, croyons-nous, sur les eaux de source, que l'infériorité de ne pas être aussi fraîches. Inconvénient auquel on peut chercher à remédier, d'ailleurs.

Quoiqu'une grande partie de la canalisation ancienne n'ait pû être remplacée, ce qui, au début de l'alimentation par eau filtrée a diminué les chances de pureté des eaux, nous voyons notre courbe de la mortalité baisser considérablement à partir du fonctionnement des bassins filtrants, claire démonstration du rôle des eaux dans l'étiologie de la fièvre typhoïde.

Pourquoi y a-t-il endémicité? — Parce qu'un certain nombre d'habitants boivent toujours de l'eau impure.

Pourquoi les mois de juillet, août et septembre (d'après nos chiffres), sont-ils les mois où l'on observe le plus de cas? Parce que l'on boit davantage pendant les chaleurs et que les chaleurs sont favorables au développement de la virulence des microbes ou à leur vitalité, quoi qu'il y ait beaucoup moins de microbes dans l'eau en été qu'en hiver.

Mais ce n'est pas tout.

Nous avons remarqué que, proportionnellement à la population, le quartier d'Ivry-Port avait près de 1/5 de cas de décès de plus que les autres quartiers. Assurément, la population ouvrière d'Ivry-Port, l'agglomération, les habitations insalubres plus nombreuses que dans les autres quartiers, pourraient suffire à expliquer cette différence, mais il y a lieu d'y joindre une autre raison, c'est que, dans les autres quartiers, les puits sont bien moins nombreux que dans celui-là, qu'ils sont moins contaminés en raison de leur situation et de la salubrité relative des quartiers, et que les habitants de ces quartiers ne peuvent boire d'eau de Seine puisée au fleuve ou dans des réservoirs d'eau de Seine non filtrée, — toutes choses qui expliquent encore le rôle des eaux dans la fièvre typhoïde.

La comparaison de la mortalité que nous avons faite avec Paris vient encore à l'appui de notre thèse.

En effet, de 1877 à 1893, la mortalité est inférieure à Ivry, quoique le régime des eaux ait été à peu près le même qu'à Paris, puisqu'on ne buvait encore guère que de l'eau de Seine dans beaucoup d'arrondissements, l'alimentation par eau de source s'étant peu développée de 1870 à 1883.

Cela tient surtout à ce que les eaux de rivière ou de Seine bues à Paris, étaient puisées moins en amont que celles bues à Ivry qui étaient prises à Choisy-le-Roi, et aussi à l'encombrement moindre des habitations à

Ivry. La moyenne annuelle des bactéries par centimètre cube est, en effet, de 36.945 à Choisy (eau trouble), et 53.910 à Ivry (id.).

Dès que Paris est alimenté uniquement d'eau de source (1), et qu'Ivry est alimenté d'eau filtrée, la mortalité devient plus élevée à Ivry qu'à Paris, tout en *baissant énormément* à Ivry. Cela tient à ce que les habitants de Paris ne boivent que de l'eau de source, tandis que, à Ivry, bon nombre d'habitants, au lieu d'aller à la fontaine qui débite de l'eau filtrée, vont aux puits voisins, — à un réservoir d'eau de Seine plus proche, et même certains *riverains* à la Seine elle-même.

Les épidémies de famille, quoique le régime des boissons soit généralement le même dans la famille, prouvent la contagion. Elles sont plus rares depuis l'usage de l'eau filtrée, parce que celle-ci, empêchant l'apparition des cas, empêche par là même l'apparition des épidémies de famille, conséquences de ces cas.

### Influence des inondations

Quelle est l'influence des inondations sur la production de la fièvre typhoïde?

Il résulte de nos recherches que, pendant les *cinq* années où il y a eu des inondations (1880-1882-1883-

(1) Depuis 1894, la mortalité par fièvre typhoïde a baissé de près des 2/3!

1885-1889), le chiffre des décès dans les rues où les puits sont contaminés par les eaux et où les caves des habitations sont presque toujours inondées et dans lesquelles les eaux de Seine et d'égoût mélangées séjournent parfois pendant un mois (quai d'Ivry, rue Nationale, boulevard Sadi-Carnot, rue Moïse, rue de Seine, etc.), s'élève à 21, tandis que dans ces mêmes rues, il ne s'élève qu'à 37 pendant les *dix-sept* autres années d'observation. Il y a donc dans les quartiers inondés une mortalité deux fois plus grande pendant les années d'inondation que pendant les autres années.

Les cas de décès ne nous ont point paru plus nombreux à l'époque même des inondations ni pendant le mois qui les a suivies. Néanmoins, d'après nos chiffres, nous pensons qu'il y a lieu de considérer les inondations comme un facteur étiologique qui a son importance.

CONTAGION. — EPIDÉMIES DE FAMILLES, DE MAISONS, DE QUARTIERS

Si les eaux ont un rôle considérable dans l'étiologie de la fièvre typhoïde, la contagion n'en a pas un moindre.

Avant de jeter un coup d'œil sur nos relevés de la mortalité à Ivry, nous résumons ici quelques épidémies de famille que l'on voyait beaucoup autrefois, — que l'on voit beaucoup moins depuis l'usage de l'eau filtrée

— et que l'on ne verra plus dans l'avenir, avec les progrès de l'hygiène et de l'éducation hygiénique du peuple.

I. — *Epidémie de famille.* — *Sept personnes :*
*six malades.* — *Trois morts.*

1884

Mayer, à la Verrerie, boulevard Sadi-Carnot, 30.

7 août.' Garçon de 4 ans et demi, fièvre typhoïde ; guérison au bout de un mois.

20 août. Garçon de 13 ans, fièvre typhoïde ; guérison au bout de six semaines.

30 août. Fille de 15 ans, fièvre typhoïde ; morte à l'hôpital.

10 septembre. Fille de 9 ans, fièvre typhoïde ; morte à l'hôpital vers le 10 octobre.

20 Septembre. Garçon de sept ans, fièvre typhoïde ; mort à l'hôpital vers le 20 octobre.

20 septembre. Mère, 40 ans, fièvre typhoïde ; guérie le 20 octobre.

*Nota.* — Famille propre, mais encombrement forcé. Une cuisine, une chambre à coucher avec deux grands lits et un petit lit pour sept personnes !

II. — *Epidémie de famille.* — *Six personnes :*
*quatre malades.* — *Un mort.*

1886

Boubel, rue Nationale, 20.

14 septembre. Fille de cinq ans, fièvre typhoïde
grave au quatorzième jour environ; guérison en six
semaines.

30 septembre. Fille de onze mois, diarrhée cholériforme après des symptômes d'entérite datant d'une
quinzaine de jours environ et pour lesquels nous
n'avons pas été appelé. Morte le 30 septembre.

1ᵉʳ octobre. Garçon de quatorze ans, fièvre typhoïde;
guérison au bout d'un mois.

8 octobre. Garçon de dix ans, fièvre typhoïde;
durée de un mois.

III. — *Epidémie de famille.* — *Sept personnes, dont*
*cinq enfants, le dernier a dix-huit mois : Quatre*
*malades.*

1888

Dejame, rue Molière, 63.

9 janvier. Garçon de 15 ans 1/2, gravement atteint,
profondes escarres ; trois mois malade, guérison.

2 février. Fille aînée de 12 ans, trois mois malade,
guérison.

10 mars. Fille de 8 ans, trois mois malade, guérison.

9 mai. Garçon de 4 ans, trois mois malade, guérison.

IV. — *Epidémie de famille.* — *Six personnes :*
*quatre malades.* — *Un mort.*

1888

D..., maraîcher, impasse X...

28 août. D... fils, 19 ans, fièvre typhoïde ayant
débuté par une angine à caractères herpétiques ; hé-
morragies intestinales graves ; guérison au 28ᵐᵉ jour,
puis lente convalescence.

27 septembre. D... mère, 42 ans, fièvre typhoïde
à même début angineux ; 21 jours de durée, guérison.

15 octobre. Dubois, garçon maraîcher, 18 ans, même
début angineux de fièvre typhoïde, — forme ataxique ;
mort à l'hôpital vers le 1ᵉʳ novembre.

3 novembre. Vve M..., sœur de Mme D..., ayant
soigné son neveu et sa belle-sœur, demeurant rue
du Four, 19 (aujourd'hui rue Jeanne-Hachette), fièvre
typhoïde légère ; durée de 15 jours, guérison.

V. — *Epidémie de famille et de maison.*
*Trois malades.* — *Deux morts.*

1888

Merlin (Léon), rue de Seine, 11, au deuxième. Enfant de neuf mois, atteint de fièvre typhoïde à forme
méningitique, le 15 septembre. *Mort* le 3 octobre, vers
le dix-huitième jour de la maladie.

13 octobre. Merlin (Marie), quatre ans, sœur du pré-

cédent, fièvre typhoïde ; 21 jours de durée, convalescence, guérison.

23 octobre. Tissier (Léon), même maison, au troisième, sept ans, fièvre typhoïde à forme méningitique, *mort* vers le vingtième jour.

VI. — *Epidémie de famille de huit personnes dont six enfants, dans deux petites chambres : Quatre malades qui ont guéri.*

1899

Pécasse, rue de Marne, 20, au deuxième.

5 octobre. Pécasse (Julie), 4 ans, au douzième jour d'une fièvre typhoïde ; malade six semaines, guérison.

10 novembre. Pécasse, mère, 33 ans, nourrit un enfant de six mois, Louis ; au dixième jour d'une fièvre typhoïde, est envoyée à l'hôpital avec son enfant ; guérison. Le nourrisson a été renvoyé au père en lui recommandant de lui donner une nourrice !

10 novembre. Pécasse (Marie), 6 ans, au dixième jour d'une fièvre typhoïde ; envoyée à l'hôpital, guérison.

16 novembre. Pécasse (Léonie), 11 ans 1/2, au huitième jour d'une fièvre typhoïde ; envoyée à l'hôpital, guérison.

Les autres enfants : Pierre, 10 ans ; Edmond, 8 ans et demi ; Louis, 6 mois, n'ont pas été atteints. Le père, âgé de 35 ans, non plus.

VII. — *Epidémie de famille de quatre personnes,
dont deux enfants : trois malades. — Deux morts.*

### 1892

I..., rue de Paris.

27 avril. I... (Jules), père, 38 ans, rhumatisant,
fièvre typhoïde ; *mort* le 11 mai.

5 mai. I... (Jeanne), 6 ans, *morte* à l'hôpital
Trousseau.

5 mai. I... (Louis), 5 ans, guérison.

*Nota.* — Dans ce même local est morte, en mars
1893, en quelques jours, d'une fièvre typhoïde, une
femme d'environ 50 ans. A ce moment, on désinfectait.
Depuis la désinfection faite à la mort de cette femme, il
n'y a pas eu de cas dans la maison.

VIII. — *Epidémie de famille et de maison.
Six personnes. — Quatre malades qui ont guéri.*

Quoique cette épidémie ait eu lieu sur les confins
d'Ivry, nous la publions parce qu'elle nous paraît intéressante.

### 1897

N..., épicier, avenue des Ecoles, Vitry-sur-Seine.

20 janvier. N... (Louise), 12 ans, atteinte brusquement de fièvre typhoïde ; complication d'abcès du
cou de pied gauche, incisé le 11 février, et d'un deuxième abcès à la cuisse droite, incisé le 13 février,
guérison.

28 janvier. N... (Charles), un an, fièvre typhoïde bien caractérisée; durée de 15 jours, guérison.

13 février. — Mme N..., mère, à la suite d'une fausse-couche en soignant ses enfants et sa maison, est prise d'accidents métrorragiques; reste huit jours au lit; pendant ce temps on opère la désinfection.

La santé revient, la température redevient normale. Le 1er mars, la température s'élève, apparaissent des taches rosées lenticulaires et la fièvre typhoïde est confirmée. Convalescence vraie le 10 mars.

8 mars. N... fils, 16 ans, logeant séparément ainsi qu'une sœur à un autre étage est atteint de fièvre continue à forme atténuée. Entre en convalescence le 24 mars, sans avoir présenté les signes caractéristiques de la fièvre typhoïde. Le mari et une autre fille n'ont pas été atteints.

Voilà donc *huit* épidémies de famille qui démontrent manifestement la contagion par habitat commun ou contact, avec périodes d'incubation très variables.

Les circonstances qui peuvent accompagner la contagion influent tellement sur l'éclosion de la maladie, qu'il est bien difficile de déterminer la durée de l'incubation.

Nous trouvons plusieurs fois un début brusque, d'autres fois un début angineux, et le plus souvent un espace de 12 à 15 jours avant l'apparition d'un cas nouveau, mais bien souvent, on rencontre un mois d'intervalle et même plus.

6

Nous voyons (Obs. IV) l'épidémie de famille se transporter ailleurs. Ailleurs (Obs. V.) l'épidémie de famille se transformer en épidémie de maison. Puis (Obs. VIII) nous observons une nouvelle épidémie de maison.

En jetant un coup d'œil sur les tableaux que nous avons faits des cas de décès à Ivry, nous trouvons deux jeunes gens (14 et 22 ans) décédés rue Moïse, 9, en 1884 et 1885, à 15 mois d'intervalle dans la même famille. La maison est une cité où les cas de maladies contagieuses sont fréquents et la contagion du $2^{me}$ par le $1^{er}$ est peut être problématique. Notons pourtant qu'on ne désinfectait pas à cette époque et que la reviviscence des germes est possible.

Dans une autre maison insalubre, rue Nationale..., nous trouvons en 1885, deux cas de décès (17 ans et 57 ans) à un mois d'intervalle à une époque où l'on ne désinfectait pas : épidémie de maison.

Route de Choisy, 51. Ivry, en novembre et décembre 1883, meurent le fils, puis la mère.

La cité X... a été un foyer endémique de fièvre typhoïde depuis 1877, jusqu'en 1895. Les cas sont actuellement moins fréquents. Cette endémicité tient à la distribution d'eau de Seine faite par l'usine X... Pour l'alimentation des machines, l'eau est puisée directement à la Seine et s'il en reste elle est refoulée dans un réservoir d'où elle est distribuée sur le palier de chaque étage par des robinets. Cette eau ne doit pas être bue, mais les enfants ne s'en privent pas, et d'ailleurs les légumes sont lavés avec cette eau, malgré toutes les recommandations faites. L'eau est là... tout près... pourquoi se déranger pour en avoir de meilleure ? De là l'endémicité, et nous pourrions citer d'autres foyers endémiques ayant les mêmes causes.

L'eau des puits de l'usine, et l'eau de Seine filtrée, mais dont la fontaine est quelque peu éloignée, servent d'eau potable. L'eau de puits n'a point été analysée quoique les ouvriers l'emploient à fabriquer leur coco, et en boivent quotidiennement, notamment les chauffeurs. Ils n'en boivent point sans danger, en été surtout.

Quoi qu'il en soit, l'eau malsaine est plus à portée des habitants de la cité que l'eau filtrée, c'est ce qui explique la continuation de l'endémicité, et aussi son amoindrissement, depuis que les fontaines distribuent à Ivry de l'eau filtrée et que l'on y va puiser de l'eau de temps en temps, sinon toujours.

Et d'ailleurs la mortalité et la morbidité se rencontrent surtout dans les maisons notoirement insalubres : rue Nationale, 72, 74 (maisons améliorées depuis peu) ; cité Béna ; rue Nationale, 1, 22, 23, 6.. ; cité Bourgeois (complètement améliorée aujourd'hui) ; rue Moïse, 7 et 9 ; rue Ledru-Rollin, 17 (améliorée aujourd'hui) ; rue Emile Muller, 9 ; route Stratégique, 6.. ; rue de Paris, 6.. ; route de Choisy, 5.., etc. ; notre tableau est très instructif à cet égard.

Beaucoup d'habitations insalubres à cette époque, sont

comme nous l'avons indiqué pour quelques rues, bien aménagées aujourd'hui.

## Remarques générales

L'endémicité ne permet guère de suivre la marche d'une épidémie, ni l'ordre de succession des cas.

On observe comme nous venons de le faire des épidémies de famille et de maison, plutôt que des épidémies de quartier.

On rencontre comme en 1883, 1886 et 1893, une recrudescence des cas, une virulence plus grande du germe typhique, des cas plus graves, une mortalité plus grande, sans que l'on puisse en trouver la cause, ailleurs que dans la saison estivale.

Les influences météorologiques, orages, pluies, sécheresse, poussières, vents, état électrique, ne paraissent pas avoir une action sur la constitution médicale au point de vue de la fièvre typhoïde.

Là où la population est dense, c'est-à-dire dans les rues peuplées, dans les cités, — là où les conditions hygiéniques des habitations sont mauvaises, là comme chez les maraîchers des plaines et des côteaux éloignés des bornes-fontaines et qui se servent d'eau de puits contaminée par d'immenses tas de fumiers, — là où la misère est plus grande, le logement plus étroit, l'éloignement des fontaines d'eau filtrée plus grand, là aussi se rencontre et se développe la fièvre typhoïde, comme se développent et se rencontrent — disons-le une fois pour toutes — la pluplart des maladies contagieuses.

## Résumé

1° L'agent primordial de la fièvre typhoïde est l'eau contaminée. On peut le supprimer.

2° La cause propagatrice est la contagion par contact avec le germe spécifique. L'hygiène peut la supprimer (désinfection, mesures préventives, soins spéciaux à prendre par les non atteints, etc.).

3° La fièvre typhoïde atteint surtout les individus de 15 à 35 ans. Ceux de 16 à 22 ans sont le plus souvent frappés.

4° Elle atteint les deux sexes à peu près également.

5° Elle se montre surtout grave et fréquente dans les habitations insalubres, dans les logements étroits et encombrés, — et pendant la période estivale.

6° La désinfection et l'eau filtrée ont un rôle préservateur incontestable.

L'eau filtrée géologiquement, peut être considérée comme l'égale de l'eau de source au point de vue hygiénique.

7° Les inondations doivent entrer en ligne de compte dans l'étiologie de la fièvre typhoïde.

# ROUGEOLE

Voici une maladie épidémique et contagieuse, contre laquelle l'hygiène et les progrès de la science sont à peu près impuissants.

Telle elle était, il y a vingt-deux ans, telle elle est aujourd'hui, avec un nombre considérable de cas morbides, une mortalité variable, mais avec poussées épidémiques inexplicables tous les *trois* ou *quatre* ans, comme l'indique notre courbe.

D'ailleurs la désinfection ne se pratique point et ne saurait se pratiquer utilement dans la rougeole, et l'isolement déjà difficile dans les autres maladies contagieuses, est complétement inutile dans la rougeole.

Cette maladie est extrêmement diffusible, se propage en masse, et ses germes ne vivent pas longtemps.

Courbe de la mortalité par ROUGEOLE, à Ivry, de 1877 à 1899.

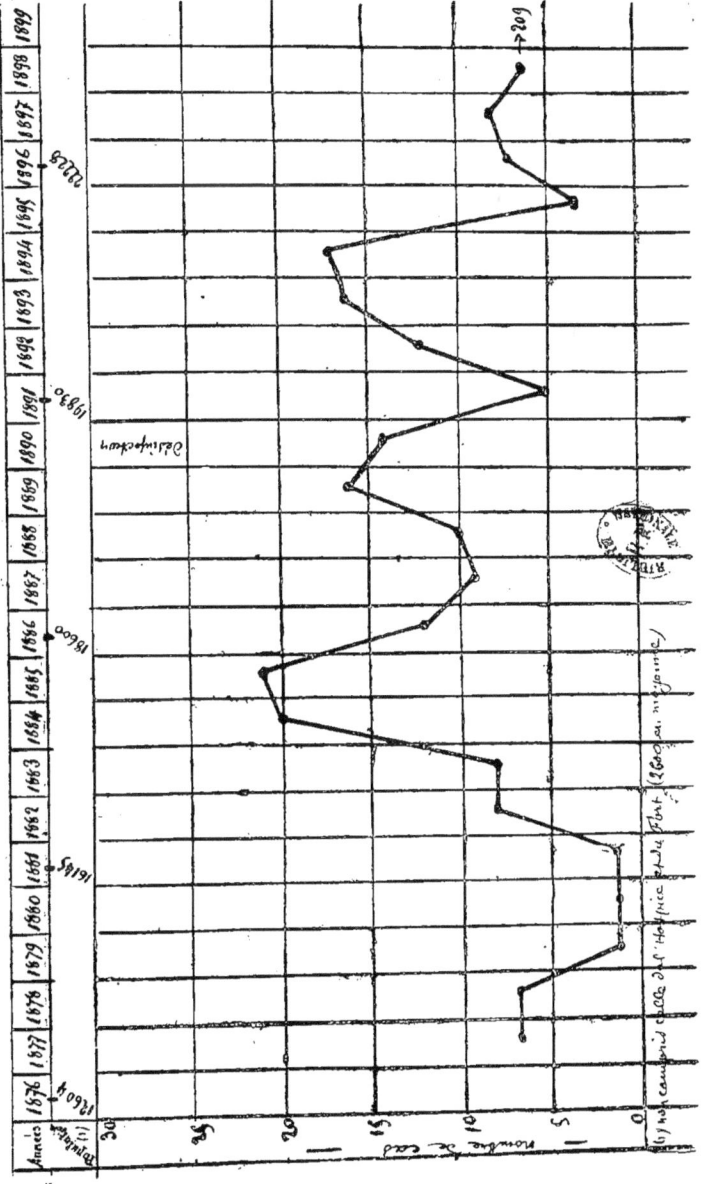

## MORTALITÉ

Et pourtant *aujourd'hui* la rougeole est la maladie qui fait le plus de victimes dans les milieux ouvriers.

De 1877 à 1898, nous trouvons un total de 209 décès dont 7 à l'hôpital Trousseau et 202 en ville !

Et ce chiffre est au-dessous de la vérité, car bien des cas de décès sont signalés sous la rubrique *bronchite* ou *broncho-pneumonie* qui sont en réalilé des décès imputables à la rougeole. Ces accidents plus ou moins éloignés de la rougeole sont très fréquents chez les enfants débiles, descendants de parents tarés où même déjà tuberculeux. Les enfants qui se contagionnent si facilement, succombent avant leurs parents malades, à des accidents tuberculeux.

Sur les 209 décès, deux sont comptés aux décès varioliques.

Annuellement la mortalité varie de 1 à 21.

Mensuellement, c'est-à-dire pendant 22 fois chaque mois de notre période de 22 années, elle varie de 3 à 33.

Très faible en janvier (6 cas) et octobre (3 cas), elle atteint son maximum en mai (29 cas), juin (33 cas), juillet (30 cas) et août (23 cas).

Voici d'ailleurs le tableau de cette mortalité qui démontre l'épidémicité de la rougeole, et sa variabilité mensuelle.

Dans les mois de :

| | | | |
|---|---|---|---|
| janvier, | 6 cas ; | juillet, | 3o cas ; |
| février, | 10 cas ; | août, | 23 cas ; |
| mars, | 21 cas ; | septembre, | 12 cas ; |
| avril, | 14 cas ; | octobre, | 3 cas ; |
| mai, | 29 cas ; | novembre, | 12 cas ; |
| juin, | 33 cas ; | décembre, | 16 cas. |

### MORTALITÉ SELON L'AGE

58 décès au-dessous de 1 an ;

85 de 1 à 2 ans ;

36 de 2 à 3 ans ;

21 de 2 à 5 ans ;

5 de 5 à 6 ans ;

4 de 6 à 8 ans ;

o au-dessus de 8 ans.

La mortalité est comme on le voit, très forte au-dessous de 1 an, considérable de 1 à 2 ans, nulle après 8 ans.

Les enfants de 1 à 2 ans entrent presque pour moitié dans la mortalité.

### MORTALITÉ SELON LE SEXE

Par rapport au sexe nous avons trouvé 131 enfants du sexe masculin et 78 du sexe féminin. Résultat conforme aux statistiques parisiennes.

## Mortalité par quartier

Ivry-Port, 8.130 habit. (dern. recensement), 98 ;
Ivry-Centre, 6.937 — — 55 ;
Petit-Ivry, 7.161 — — 56.

C'est dans le quartier d'Ivry-Port où la mortalité est la plus grande, mais c'est aussi le quartier le plus populeux d'abord, le plus encombré, le plus ouvrier et le plus indigent ensuite.

## Mortalité par rapport a la morbidité

Cette question est absolument insoluble. Les parents n'appellent pas le médecin ou l'appellent une fois lorsque le premier enfant de toute la famille est atteint. Néanmoins on peut dire que la mortalité ne dépasse guère 1/100 des enfants atteints.

## Rôle des désinfections

Mais cette maladie est tellement contagieuse que les cas sont innombrables, et cette contagion est tellement rapide que l'on est en droit de se demander si la désinfection faite immédiatement à l'apparition du premier cas dans une famille donnerait d'heureux résultats : il est déjà bien tard. Pourtant, nous pensons comme M. Vallin qu'elle doit être faite. De plus il faudrait isoler, avant les prodromes, le sujet qui a été exposé à contracter la rougeole.

Isolement et désinfection doivent néanmoins être effectués.

## Épidémies de famille, de maisons, de quartiers

Il y a épidémie de famille, pour ainsi dire chaque fois qu'il y a plusieurs enfants en bas-âge dans cette famille. C'est une règle presque générale.

Pour la même raison, il y a des épidémies de maison chaque fois qu'il y a dans cette maison une épidémie de famille.

Les épidémies de quartiers tiennent absolument au hasard des rapports des quartiers entre eux, et de différentes maisons entre elles.

La mortalité se montre surtout dans les maisons les plus populeuses, les cités, les maisons à nombreux étages.

L'état d'insalubrité des maisons ne paraît pas avoir une grande influence sur la mortalité qui se montre — nous le répétons — dans les agglomérations d'enfants ou dans les familles nombreuses, comme si le germe rubéolique devenait plus virulent au fur et à mesure de sa culture dans un milieu infecté. C'est ce qui ressort de l'examen des lieux de décès.

Nous avons remarqué aussi que les foyers de culture et partant de mortalité, varient de lieu d'une année à l'autre.

La rougeole apparaît en tout temps, et en n'importe

quel lieu, mais sans nécessairement renaître dans les endroits frappés antérieurement.

### ASSOCIATIONS OU COÏNCIDENCES MORBIDES

La rougeole se rencontre assez fréquemment avec d'autres maladies épidémiques et contagieuses comme la coqueluche et la scarlatine, soit qu'elle précède l'une ou l'autre de ces maladies, soit qu'elle les suive ou qu'elle soit contemporaine avec elles.

La rougeole est souvent associée à la scarlatine, et parfois le diagnostic est assez difficile entre l'une et l'autre de ces maladies. Elle précède habituellement la fièvre scarlatine.

Nous n'avons rencontré qu'un cas de décès de rougeole suivi de scarlatine. Par contre nous avons rencontré 5 décès de rougeole compliquant une coqueluche en cours, ou inversement, de coqueluche survenant à la suite d'une rougeole et lui imprimant un caractère plus grave.

Aucun cas de décès par association avec la diphtérie.

Deux cas de décès (1882-1883) avec varioloïde et variole.

Chose remarquable, les décès rougeole-coqueluche ont été observés dans les années où la coqueluche n'était point grave, et où par contre la rougeole était meurtrière (1884-1893-1894).

## Remarques générales

La période d'incubation et d'invasion de la rougeole nous paraît être d'environ dix jours.

Ce qui explique la fréquence des rougeoles c'est que — outre sa contagion et sa grande diffusibilité — une première atteinte ne confère pas l'immunité.

Nous avons vu des enfants avoir deux fois la rougeole à un mois d'intervalle. Souvent nous avons rencontré des enfants ayant eu la rougeole plusieurs fois à quelques années d'intervalle, et c'est très rarement que nous avons observé des rechutes de rougeole ou des rubéoles succédant à une première éruption de rougeole après quelques jours ou quelques semaines. Nous croyons comme MM. Chauffard et Lemoine (Gaz. des Hôpitaux, 31 décembre 1895) à la réinfection plus ou moins éloignée, malgré l'opinion contraire de beaucoup d'auteurs autorisés.

En étudiant la marche générale des épidémies, nous avons remarqué un fait qui se renouvelle chaque année et que nous ne nous expliquons pas : la rougeole débute en général au Petit-Ivry, sur la colline (assez souvent chez des enfants fréquentant les écoles congréganistes non surveillées médicalement) et paraît être originaire de Paris.

C'est surtout en avril (en 1896 c'était à la fin de mai) qu'apparaissent les premiers cas sérieux et de plus

en plus nombreux permettant de conclure à une épidémie (car la rougeole est endémique à Ivry comme nous
l'avons dit). Elle continue une épidémie parisienne, se
développe, progresse, se propage à Ivry-Centre, puis à
Ivry-Port où elle est à son apogée lorsqu'elle est presque éteinte au Petit-Ivry.

La durée totale de l'épidémie annuelle de rougeole
est de quatre à cinq mois — d'avril à septembre — et
ne dépasse guère, dans chaque quartier, la durée de
deux mois.

# COQUELUCHE

Comme pour la rougeole, beaucoup de décès — à la suite de complications éloignées imputables à la coqueluche — sont inscrits sous la rubrique *broncho-pneumonie*, et non sous celle de coqueluche.

Beaucoup de coqueluches se terminent par la tuberculose, soit par contagion, soit par hérédité, comme descendants de parents tuberculeux vivants.

Malgré cela on compte à Ivry de 1877 à 1899, 116 décès de coqueluche — 7 à l'hôpital Trousseau et 109 en ville.

Cinq cas de décès avec rougeole sont comptés aux décès de rougeole.

La coqueluche n'est point portée sur le tableau des maladies sujettes à déclaration et désinfection.

La rougeole et la coqueluche sont souvent contemporaines, et nous avons au sujet de la mortalité rubéolique, rapporté cinq cas où l'on rencontrait la rougeole et la coqueluche associées.

Courbe de la mortalité par COQUELUCHE, à Ivry, de 1877 à 1899.

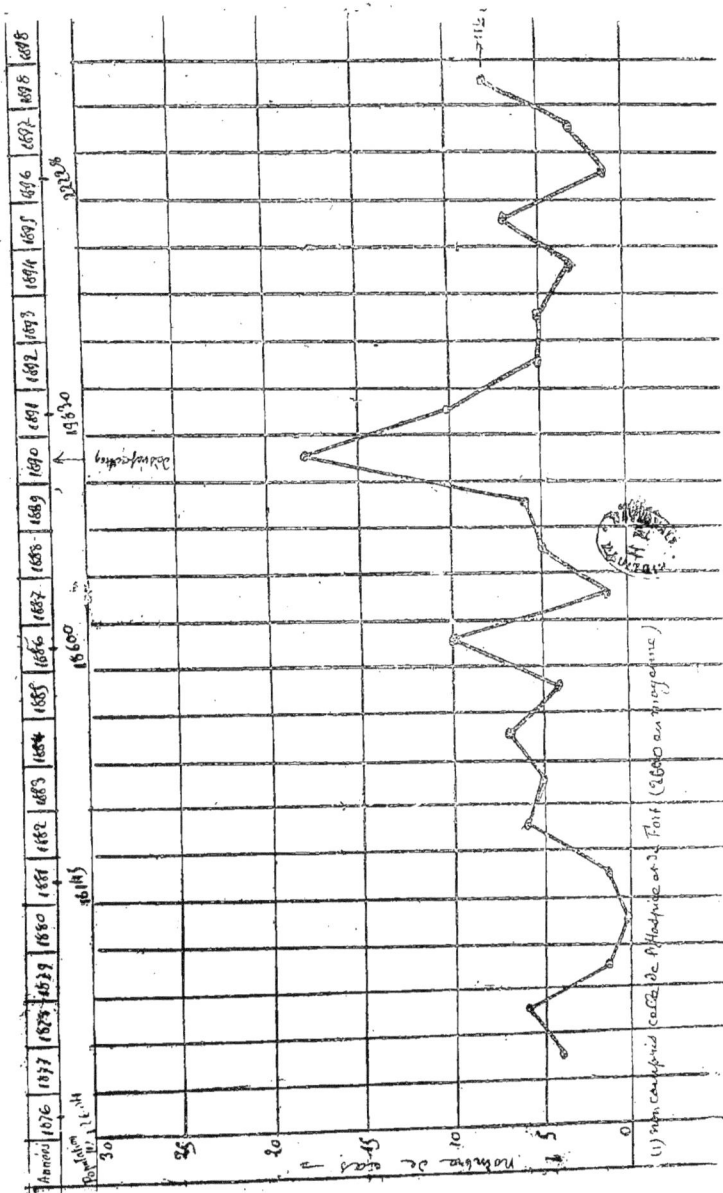

| Années | 1876 | 1877 | 1878 | 1879 | 1880 | 1881 | 1882 | 1883 | 1884 | 1885 | 1886 | 1887 | 1888 | 1889 | 1890 | 1891 | 1892 | 1893 | 1894 | 1895 | 1896 | 1897 | 1898 |

Population : 16.114

16145

15600

19520

2222 h

Nombre de décès

30

25

20

15

10

5

0

Désinfections

(1) non compris cas de Asklepios et de Fort (16600 en moyenne)

## MORTALITÉ

La mortalité annuelle varie de o à 18. Mensuellement,
c'est-à-dire pendant 22 fois chaque mois de notre
période d'études, elle varie de 4 à 15. L'année 1890 a
été de beaucoup la plus meurtrière.

Il est difficile d'assigner à la coqueluche une saison
où elle est plus maligne qu'à une autre. Ce que l'on
peut dire, c'est que de février à septembre, elle fait plus
de victimes qu'à une autre époque : le mois de juin est
pourtant particulièrement favorisé comme bénignité.

La coqueluche est endémique comme l'indique le
tableau ci-contre :

Pour les 22 mois de :

| | | | |
|---|---|---|---|
| janvier, | 8 ; | juillet, | 14 ; |
| février, | 13 ; | août, | 10 ; |
| mars, | 10 ; | septembre, | 9 ; |
| avril, | 13 ; | octobre, | 7 ; |
| mai, | 15 ; | novembre, | 4 ; |
| juin, | 5 ; | décembre, | 8 . |

### MORTALITÉ SELON L'AGE

54 décès de o à 1 an ;
40 — de 1 à 3 ans ;
12 — de 3 à 5 ans ;
4 — de 5 à 6 ans ;

4 décès de 6 à 7 ans ;

1 — de 7 ans et demi ;

1 — de 9 ans ;

0 — au-dessus de 9 ans.

La mortalité est donc très rare au-dessus de 7 ans, et se rencontre surtout chez les enfants au-dessous de 2 ans.

Toutefois il est bon de dire que la morbidité est en raison inverse de la léthalité, et que l'âge des enfants est un des principaux éléments de pronostic de la coqueluche.

### Mortalité selon le sexe

48 enfants du sexe masculin, 68 du sexe féminin.

### Mortalité par quartier

Ivry-Port   (8.130 habit., dern. recensement), 59 ;

Ivry-Centre  6.937  —    —    —    29 ;

Petit-Ivry  7.161  —   —    —    28.

Le Petit-Ivry, situé au-dessus du côteau de la rive gauche de la Seine, paraîtrait le quartier le plus favorisé et celui d'Ivry-Port, sur les bords de la Seine, le plus éprouvé en raison de la population ouvrière et de ses maisons populeuses.

MORTALITÉ PAR RAPPORT A LA MORBIDITÉ

Nous ferons au sujet de la coqueluche, les mêmes réflexions qu'au sujet de la rougeole, en signalant toutefois le taux inférieur de la morbidité de la coqueluche par rapport à celui de la rougeole.

La différence de morbidité tient à deux causes solidaires l'une de l'autre.

1° Contagiosité moindre.

2° Immunité conférée par une première atteinte.

Les récidives de coqueluche sont en effet très rares.

La mortalité dans notre clientèle nous semble être la même que celle de la rougeole.

EPIDÉMIES DE FAMILLE, DE MAISONS, DE QUARTIERS

Nous n'avons à répéter ici que ce que nous avons dit à propos de la rougeole.

L'influence des habitations insalubres est plus manifeste dans la coqueluche que dans la rougeole, et quand la coqueluche sévit dans une famille où il y a de nombreux enfants en bas-âge et de l'encombrement dans un logement insalubre, elle devient parfois d'une très grande violence.

C'est ainsi qu'en 1878, nous avons observé pendant les mois de janvier et février, dans la famille Clavère, rue Mirabeau, 11, *trois* enfants sur trois, *morts* de coqueluche aux âges de 2 ans 1 mois, 4 ans 5 mois, 7 ans 5 mois.

En mars et avril 1886, dans la famille Flauss, route

de Vitry, 10, dans une chambre au sous-sol, *trois* enfants (2 mois 18 jours, 2 ans trois mois, 6 ans 6 mois) sont *morts* de coqueluche.

Les autres enfants étaient beaucoup plus âgés, et n'ont pas été atteints.

En mars et avril 1893, nous voyons deux enfants de la famille Broussin, 7 mois 8 jours et trois ans, mourir de coqueluche. Rez-de-chaussée obscur et humide.

Notre tableau de mortalité par coqueluche ne nous donne pas d'autres foyers plus démonstratifs de coqueluches graves.

Nous pensons que l'isolement, la désinfection, qui seraient il vrai peu praticables, produiraient d'heureux résultats et abaisseraient le chiffre de la mortalité par coqueluche.,

### ASSOCIATIONS OU COÏNCIDENCES MORBIDES

Les épidémies de coqueluche suivent en général de très près les épidémies de rougeole.

Dans cinq cas de décès, avons-nous dit, la coqueluche se trouve associée à la rougeole, mais l'association morbide n'est pas rare, et les deux épidémies fréquemment marchent de pair et se comportent à peu près de la même manière.

Nous n'avons pas souvent remarqué la coqueluche accompagnant la fièvre scarlatine, ni la diphtérie, ni la variole. Elle se contente pour ainsi dire d'un compagnon habituel, la rougeole.

# SCARLATINE

La courbe de la mortalité de la fièvre scarlatine est peu élevée et presque horizontale, et pourtant à juste titre, on considère cette maladie comme une maladie grave.

Les cas sont heureusement bien moins fréquents que ceux de la rougeole et de la coqueluche. L'isolement, la désinfection, l'immunité conférée par une première atteinte, donnent des résultats très appréciables et diminuent considérablement la morbidité. La mortalité nous paraît être de 1 sur 30.

Les décès par complications éloignées sont généralement mis au compte de la scarlatine : néphrite scarlatineuse, scarlatine méconnue — et combien de scarlatines sont méconnues !

## MORTALITÉ

Nous trouvons dans notre période de 22 ans, une mortalité totale de 27 individus, dont 1 à l'hôpital Trousseau.

Signalons en passant six entrées à l'hôpital Saint-Antoine sans décès. Pas de décès hospitaliers que celui de Trousseau.

Un décès avec rougeole est compté au décès de rougeole.

La mortalité annuelle varie de o à 4. Nous comptons 5 années sans décès et 11 années avec 1 décès annuel.

## MORTALITÉ MENSUELLE

Pour les 22 mois de :

| | | | |
|---|---|---|---|
| janvier, | 3 ; | juillet, | 3 ; |
| février, | o ; | août, | 4 ; |
| mars, | 1 ; | septembre, | o ; |
| avril, | 6 ; | octobre, | o ; |
| mai, | 3 ; | novembre, | o ; |
| juin, | 6 ; | décembre, | 1 . |

Comme on le voit, aucun décès pendant les mois de février, septembre, octobre et novembre.

## MORTALITÉ SELON L'AGE

1 de 20 jours ;
1 de 2 mois et demi ;
1 de 9 mois ;
8 de 1 à 2 ans ;
5 de 2 à 3 ans ;
4 de 3 à 5 ans ;

Courbe de la mortalité par SCARLATINE, à Ivry, de 1877 à 1899.

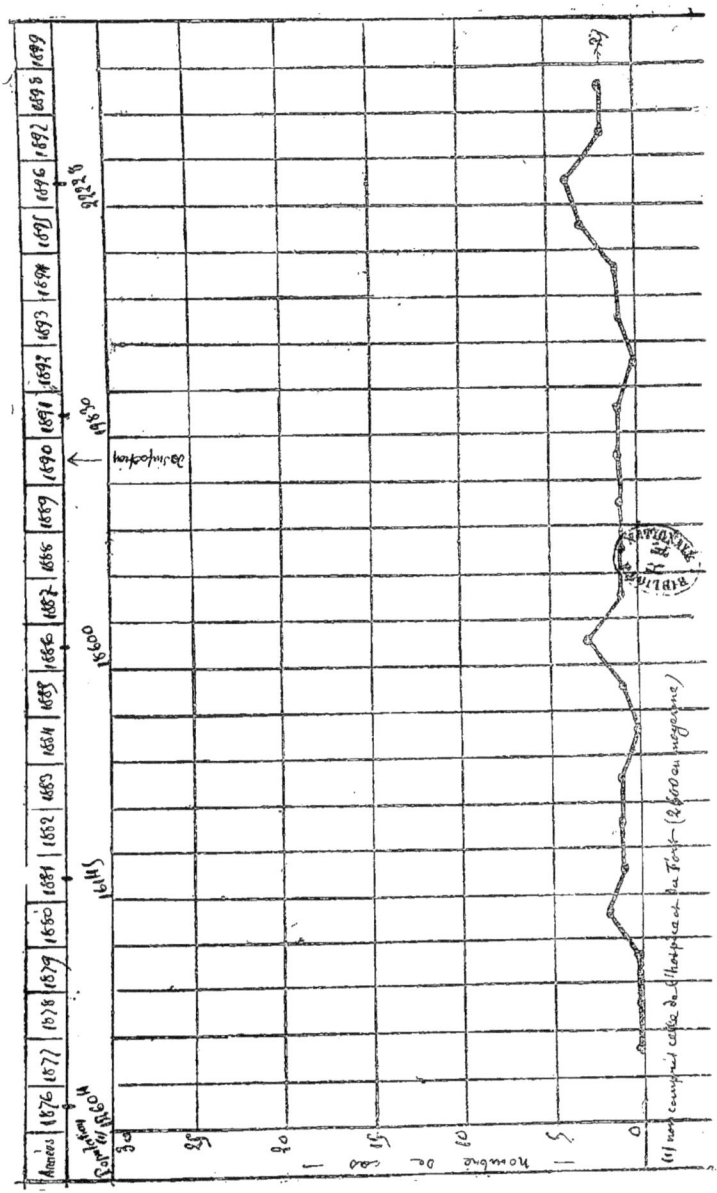

| Années | 1876 | 1877 | 1878 | 1879 | 1880 | 1881 | 1882 | 1883 | 1884 | 1885 | 1886 | 1887 | 1888 | 1889 | 1890 | 1891 | 1892 | 1893 | 1894 | 1895 | 1896 | 1897 | 1898 | 1899 |

Population

(1) non compris celles de l'hôpital et de la Fosse (2,600 au maximum)

4 de 5 à 10 ans;

1 de 13 ans;

1 de 16 ans;

1 de 29 ans;

0 au-dessus de 29 ans.

La mortalité se rencontre donc comme on le voit, à tous les âges, enfants, adolescents et adultes jeunes, mais elle est surtout fréquente de un à deux ans, et généralement de un à dix ans.

## MORTALITÉ SELON LE SEXE

14 du sexe masculin, 13 du sexe féminin.

## MORTALITÉ PAR QUARTIER

Ivry-Port,    10 (8.130 habit. dern. recensement);

Ivry-Centre,  9  6.937  —   —      —

Petit-Ivry,   8  7.161  —   —      —

## ÉPIDÉMIES DE FAMILLE, DE MAISON, DE QUARTIER
### INFLUENCE DES DÉSINFECTIONS

Peut-être moins typiques et moins fréquentes que dans la rougeole et la coqueluche, les épidémies de famille, de maison et de quartier sont pourtant fréquentes.

1° Le 20 août 1885, nous voyons la famille B..., rue

Voltaire, 6. Père 45 ans, mère 42 ans, fille de 17 ans, garçon de 15 ans. Tous les quatre sont pris de la veille d'angine pultacée, de malaises, fièvre, courbature, langue saburrale.

Le 24, la fille beaucoup plus violemment atteinte que les autres, offre une éruption très accentuée de scarlatine et succombe le 26 août à 10 heures et demie du soir.

Nous ne constatons pas d'éruption chez les autres malades.

Le fils guérit en quinze jours, la mère en onze jours, mais le père ne guérit que le 8 octobre, après avoir offert une desquamation significative non observée chez la mère et le fils. On peut penser que ceux-ci ont eu une forme atténuée.

2° 1887. — Famille B..., quai d'Ivry. Huit personnes dont six enfants. Les quatre enfants plus âgés sont pris au mois de mars de fièvre scarlatine, à deux jours d'intervalle.

Un seul, le deuxième atteint, a présenté l'éruption scarlatineuse caractéristique avec albumine et desquamation.

Tous ont eu 39°6 de température, aspect violacé de la face, rougeurs fugaces de la peau, épitaxis.

3° 1895. — Le 29 juillet, chez M. B..., un enfant est atteint de fièvre scarlatine. Marche et durée habituelle de l'éruption.

Partant en congé le 2 août, nous recommandons à

notre remplaçant de faire la déclaration puis de faire désinfecter au moment de la desquamation. La recommandation est oubliée.

L'enfant est atteint de néphrite albumineuse avec œdème généralisé, etc. Guérison presque complète le 10 septembre.

Au-dessus du logement de ce premier malade, une enfant de dix mois est atteinte de fièvre scarlatine le 5 septembre.

Une jeune fille de 15 ans, dans la même famille, est atteinte de fiévre scarlatine le même jour.

Nous déclarons ces cas et demandons la désinfection.

La famille *refuse*, parce que *le bas* n'avait pas été désinfecté, et ajoute-t-on, *l'air d'en bas monterait quand même*. On laissera désinfecter si le bas est désinfecté...

Logique étonnante chez des ouvriers.

Le 9 septembre, quatrième cas de fièvre scarlatine dans la même maison, chez une jeune fille de 13 ans. Guérison.

La désinfection, faite à temps, eût peut-être empêché cette épidémie de maison, et la propagation en des endroits inconnus...

Cette relation démontre l'utilité et la nécessité des désinfections, tout aussi bien que peut le démontrer l'arrêt sur place d'une épidémie, après désinfection faite à l'apparition du premier cas contagieux.

Quoi qu'il en soit, une question se pose toujours au

sujet de la fièvre scarlatine. Quand faut-il désinfecter ?
Combien de fois faut-il désinfecter ?

4° Les époux L..., ayant trois enfants, habitent une
baraque en pierre sèche, construite il y a trois ans,
route de Choisy à Ivry. Un enfant de 7 ans, Jacques,
est pris d'une violente fièvre scarlatine le 25 juillet
1894.

Cette maladie a probablement été importée de Paris,
par une tante venue dans la maison, en convalescence
de fièvre scarlatine *datant d'un mois*.

Nous faisons éloigner les autres enfants puis on désinfecte trois jours après la fin de l'éruption.

Huit jours après la désinfection, la mère est prise
d'une violente angine pultacée, puis phlegmonneuse
double. Elle guérit en sept jours, *sans éruption scarla-*
*tineuse*.

Le père, quelques jours avant la guérison de la mère
est pris d'une violente angine inflammatoire qui guérit
en quelques jours, *sans éruption scarlatineuse*.

Les autres enfants, rentrés vingt jours après l'éruption de leur frère, *n'ont rien eu*.

Avons-nous fait désinfecter au moment opportun ?
Quand faut-il faire désinfecter dans ces circonstances ?
Faut-il désinfecter plusieurs fois ?

5° 19 octobre 1896, S... Marie, 8 ans, Colonies
Alexandre, 37, en pleine éruption de fièvre scarlatine.
Guérit ;

25 octobre, S... Louis, 20 mois. Guérit ;

1ᵉʳ novembre, S..., mère, 35 ans. Guérit;

6 novembre S... Léonie, 5 ans. Guérit.

Le père seul n'a pas été malade.

6° 1897, 5 janvier. Deux enfants Gérard, rue Molière, 35 (7 ans et 11 ans), sont prises simultanément de fièvre scarlatine dans un rez-de-chaussée d'une maison où il y a des enfants atteints depuis huit jours.

D'après nos observations, la période d'incubation et d'invasion de la fièvre scarlatine serait d'environ six jours.

### Associations ou coïncidences morbides

La fièvre scarlatine est quelquefois associée à la rougeole. Dans nos cas de mortalité elle s'y rencontre une fois, mais c'est avec la diphtérie qu'elle a le plus d'affinité si l'on peut parler ainsi. Nous envisagerons la question en étudiant cette maladie.

Signalons un cas *intéressant* que nous venons de rencontrer.

Un enfant, Magot Louis, 11 ans, rue Mirabeau, 69, Ivry, a été atteint de *fièvre scarlatine* le 12 novembre 1899, de *rhumatisme articulaire* le 23 novembre. Ce rhumatisme n'a duré qu'une huitaine de jours, pour être suivi de *chorée* à partir du 5 décembre 1899.

### Remarques générales

La scarlatine n'est pas endémique dans notre pays

comme la rougeole, la coqueluche, la fièvre typhoïde et *autrefois* la diphtérie.

Elle n'a pas de marche particulière et ne se propage que par contagion — et surtout par les écoles. Nous reviendrons plus loin sur ce sujet.

Nous avons toujours été frappé de la fréquence des fièvres scarlatines dans les maisons neuves ou replâtrées à neuf. La maladie dans ces circonstances revêt souvent une forme fruste ou atténuée.

Nous avons montré une quinzaine d'observations d'exanthèmes scarlatiniformes survenus dans des locaux à plâtres neufs, que pour la plupart on pouvait étiqueter *scarlatine*, à des confrères spécialistes et compétents, qui nous ont assuré qu'il s'agissait dans nos observations de fièvre scarlatine ordinaire et non de maladie spéciale scarlatiniforme, propre aux plâtres neufs et dûe aux plâtres neufs.

Nous croyons qu'il y a des recherches à faire de ce côté, qui pourraient peut-être un jour faire reconnaître l'existence d'une maladie exanthématique scarlatiforme dans les maisons neuves en dehors de toute épidémie de fièvre scarlatine, ou qui démontreraient qu'il s'agit dans ces cas de fièvre scarlatine.

Cela confirmerait les remarques — faites depuis longtemps au sujet de la production de manifestations rhumatismales lorsqu'on *essuie les plâtres*.

La scarlatine, d'ailleurs, n'est-elle pas une affection rhumatismale ?

# DIPHTÉRIE

Regardons immédiatement la courbe de la mortalité par diphtérie à Ivry. Quelle courbe éloquente et consolante !

La chute commence à partir de 1891 où les désinfections sont convenablement faites. — chute à 1 et même à o ! à partir de la découverte du sérum antidiphtérique, — et cela malgré l'augmentation de la population, comme nous l'avons déjà fait remarquer à propos des autres maladies contagieuses.

## MORTALITÉ ANNUELLE

Malgré les progrès de la science et les résultats des désinfections nous avons encore, de 1877 à 1898, une mortalité générale de 277 cas dont 4 sont déjà comptés aux décès de scarlatine.

C'est la maladie contagieuse (à part la tuberculose bien entendu) qui atteint le chiffre le plus élevé.

Sur ce chiffre nous relevons :

73 décès à l'hôpital Trousseau, 2 à l'hôpital de la Pitié.

73 décès à l'hôpital Trousseau ne sont point pour nous surprendre, si l'on sait que les enfants gravement atteints de croup et opérables ou non, étaient *autrefois* immédiatement transportés à l'hôpital Trousseau.

La mortalité annuelle varie de 1 à 27, et combien d'années où elle avoisine le chiffre de 27.

1880 et 1885, 27 cas mortels; 1884, 25; 1877, 23; 1882 et 1883, 19; 1891, 19; 1886, 17; 1888, 16.

Après la découverte de Behring-Roux, la mortalité tombe à 1, et encore le cas unique de 1897 est-il douteux. Il s'agissait d'un homme de 32 ans, mort d'une intoxication amygdalienne mal déterminée.

## MORTALITÉ MENSUELLE

Pour les 22 mois de :

| | | | | |
|---|---|---|---|---|
| janvier, | 32 ; | | juillet, | 18 ; |
| février, | 40 ; | | août, | 22 ; |
| mars, | 24 ; | | septembre, | 19 ; |
| avril, | 14 ; | | octobre, | 15 ; |
| mai, | 32 ; | | novembre, | 16 ; |
| juin, | 15 ; | | décembre, | 30. |

La diphtérie était donc *autrefois* endémique à Ivry. Nous disons *autrefois*, car cette mortalité mensuelle

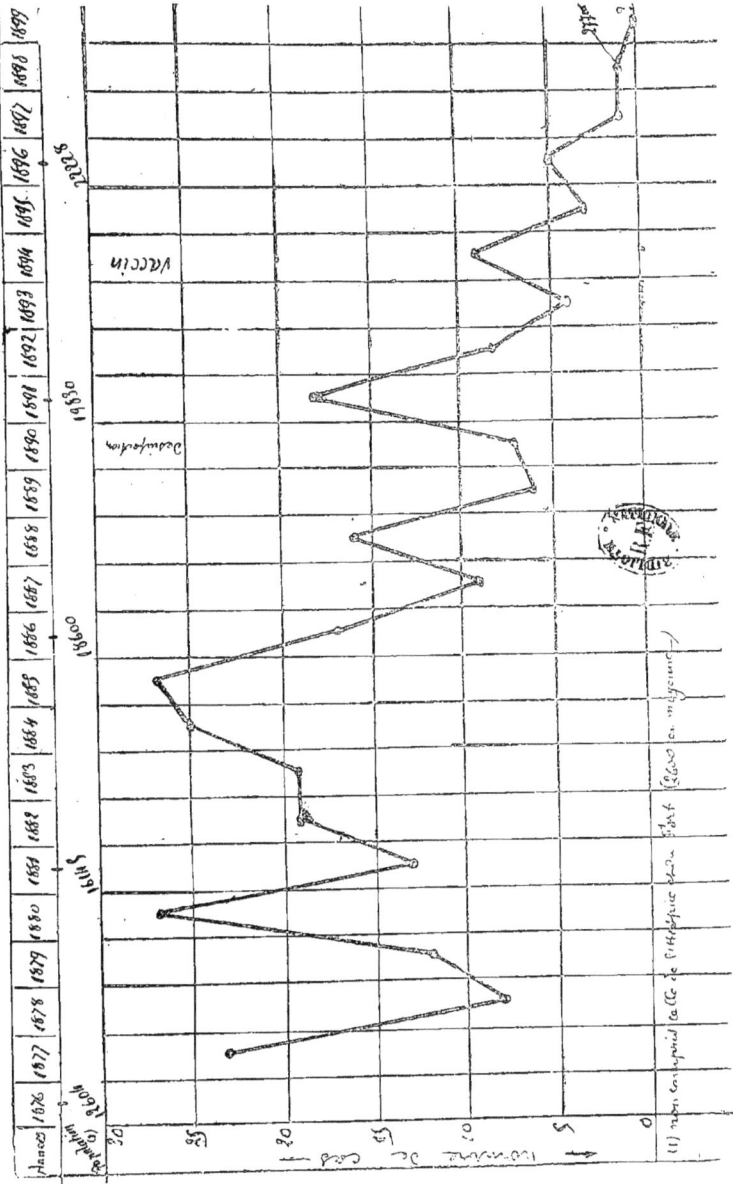

Courbe de la mortalité par DIPHTÉRIE, à Ivry, de 1877 à 1899.

qui varie de 14 à 40 et dont les écarts ne sont pas très considérables entre chaque mois, porte sur l'ensemble des années qui précèdent et qui suivent la découverte du vaccin antidiphtérique. — Son maximum d'intensité paraît-être en décembre, janvier, février, mars et mai.

## Mortalité selon l'age

15 enfants de 2 mois à 1 an (2 de 2 mois);
102 — de 1 an à 2 ans;
65 — de 2 à 3 ans;
36 — de 3 à 4 ans;
21 — de 4 à 5 ans;
12 — de 5 à 6ans;
10 — de 6 à 8 ans;
5 — de 8 à 10 ans;
3 — de 10 à 12 ans;
5 — de 12 à 20 ans;
1 de 32 ans — 1 de 60 ans — 1 de 70 ans.

C'est de 1 à 2 ans que la mortalité est la plus grande puis de 2 à 3 ans.

On remarquera que la mortalité atteint tous les âges de la vie.

## Mortalité selon le sexe

147 cas du sexe masculin; 130 du sexe féminin.

## Durée de la maladie

Les 2/3 des décès se produisent après *un* à *cinq* jours de maladie.

## Mortalité par quartier

Ivry-Port,    102 — 8130 habit. (dern. recensement);
Ivry-Centre, 84 — 6937    —           —
Petit-Ivry,   91 — 7161    —           —

Dans chaque quartier, le chiffre des décès pour la diphtérie est proportionnel à la population, ce qui n'existe pas pour les autres maladies contagieuses.

Cette maladie apparaît également dans tous les milieux, dans tous les quartiers, dans les maisons riches comme dans les maisons pauvres, dans les agglomérations comme dans les maisons isolées, dans les hôtels luxueux comme dans les cités.

## Mortalité par rapport à la morbidité

Les éléments pour apprécier le chiffre de la morbidité font complètement défaut. — On ne déclarait pas, on déclarait mal ensuite, puis les cas sont devenus de plus en plus rares.

On peut évaluer (avant le vaccin antidiphtérique) le rapport de la léthalité à la morbidité à environ 50/00, tandis qu'il est tombé à 12/00.

Nous ne pouvons donner que des chiffres approximatifs.

EPIDÉMIES DE FAMILLES — DE MAISONS — DE QUARTIER

La diphtérie autrefois la terreur des familles et le désespoir des médecins, la diphtérie dont l'étiologie est si obscure, atteignait jadis plusieurs enfants dans la même famille car on ne pratiquait que peu l'isolement et on ne désinfectait pas.

Elle apparaissait au hasard dans un quartier ou dans l'autre, dans une maison ou dans l'autre, mais heureusement ne se propageait pas au même degré que la rougeole, et même que la coqueluche, surtout à cause de la crainte qu'elle inspirait.

Voisins de palier, d'étage et même de maison, ne se fréquentaient plus quand un cas était signalé, et l'isolement se faisait de lui-même, dans une certaine mesure.

La maladie renaissait de ses cendres ou pour parler médicalement de ses germes, dans certaines maisons, à intervalles plus ou moins éloignés.

Certaines habitations, (verrerie, rue du Liégat, 17 ; route de Vitry, 10 *bis* et 6 ; route de Choisy, 185 ; route Stratégique, 29 ; rue de Seine, 26) étaient particulièrement frappées et à différentes reprises, mais sans virulence plus grande.

D'ailleurs le tableau de la mortalité que nous avons dressé indique bien ces foyers.

C'est ainsi que route Stratégique 29, nous y relevons deux enfants, Pétiard Léon et Pétiard Léonie, le premier âgé de 3 ans 9 mois, le deuxième de 1 an 2 mois, qui succombent tous deux en janvier 1877.

En 1878, on observe l'épidémie de maison suivante où l'on trouve 3 morts sur 4 malades.

*30 septembre*. — B... Marie, route du fort d'Ivry, 6 (aujourd'hui rue Kléber), enfant de 4 ans, angine diphtérique, croup opérée à l'hôpital Trousseau, *guérit*.

*10 octobre*. — Gaveau Frédéric, 22, rue Parmentier, (rue Saint-Frambourg à cette époque), à côté de la maison précédente, angine diphtérique, 4 jours de maladie, *mort*.

*10 octobre*. — La sœur du précédent, 14 ans, 3 mois, prise simultanément, 7 jours de maladie, *morte*.

*26 octobre*. — Même maison, Massé Victorine, 2 ans 3 mois, angine diphtérique. Plaques diphtériques aux cuisses, aux fesses, aux organes génitaux, dans les plis du cou ; mieux le 5ᵉᵐᵉ jour, puis vomissement sanguinolent, epistaxis, gangrène de la gorge, intoxication profonde. Le 6ᵉᵐᵉ jour, presque subitement, *meurt*.

En 1880, au mois de juillet, deux enfants, D... Antoine, âgé de 7 ans et D... Jeanne, âgée de 3 ans 3 mois, meurent tous deux, rue de Beauvais, 3.

En août 1882, rue Nationale, 56, meurent l'enfant Grave Adolphe, âgé de 6 ans, et l'enfant Lizerand Blanche âgée de 1 an 9 mois.

En mai 1884, rue Molière, 9, meurent deux enfants,

Corduan Marie âgée de 9 ans et demi, et Corduan
Léonie âgée de 3 ans 2 mois.

En mars 1886, rue du Liégat 17, meurent les enfants
Chalard Marie et Chalard Jeanne (jumelles) âgées de
2 ans.

En février 1888, route de Vitry 10 *bis*, meurent les
enfants Bernard Catherine âgée de 3 ans 3 mois et Bernard Anna âgée de 1 an 6 mois.

En mai 1891, route de Choisy 185, meurt l'enfant
Lafont Paul, âgé de 5 ans. — Lafont Blanche âgée de
3 ans 3 mois, meurt au commencement de juin.

Les années 1884 et 1885 ont été particulièrement
meurtrières.

Il est à remarquer que dans la plupart des épidémies
de famille ou de maison, ce sont les enfants les plus
âgés qui sont les premiers atteints.

La raison de ce fait pourrait bien se trouver en ceci
que les enfants âgés de 2 à 8 ans exercent leur palper à
tout propos. Ils s'amusent par *terre*, au logis, sur le
palier, dans les escaliers, dans la rue, dans les jardins,
remuent tout avec les doigts qu'ils portent à la bouche
et sont plus aptes que d'autres à contracter la maladie
qu'ils propagent ensuite avec une effrayante rapidité
chez les enfants plus jeunes qui résistent beaucoup
moins et présentent comme nous l'avons vu une mortalité si élevée.

ASSOCIATIONS OU COÏNCIDENCES MORBIDES

La diphtérie complique fréquemment la scarlatine et plus rarement la rougeole.

Dans la coqueluche elle est encore plus rare et ce n'est qu'une coïncidence.

Dans les cas de mortalité relevés par nous nous trouvons 4 cas où la diphtérie a compliqué la fièvre scarlatine.

REMARQUES GÉNÉRALES

La période d'incubation très variable et difficile à fixer paraît-être tantôt de *un* jour, tantôt de *quatre* jours et quelquefois de *15* jours.

Endémicité caractéristique.

Pas de marche particulière à signaler. Nous avons toutefois remarqué des recrudescences au moment des crues de la Seine, au moment des pluies, et quelquefois une huitaine de jours après le curage des égoûts dont les tas d'immondices ne restent que quelques heures sur les trottoirs mais suffisent pourtant pour que les enfants jouent sur ces tas et remuent ces sables et ces boues avec les mains.

Les années d'inondation 1880-1882-1883-1885-1889 ont les chiffres de mortalité et de morbidité les plus élevés. Il y a exception toutefois pour 1889.

N'y a-t-il là qu'une simple coïncidence ?

Nous ne le pensons pas.

# OBSERVATIONS GÉNÉRALES

Au sujet de chaque maladie contagieuse que nous avons étudiée, nous avons fait voir le rôle de l'habitation, de l'encombrement, de l'insalubrité dans l'éclosion et la propagation dès maladies.

Partant de ce fait démontré que les épidémies atteignent surtout les logements encombrés et insalubres qui sont des foyers d'où rayonne le mal et où il se réveille de temps à autre, il résulte la nécessité de l'isolement d'abord, de la désinfection ensuite.

Nous avons dit combien il était difficile de préserver les enfants, les familles et par suite les écoles de la contagion de la rougeole par l'isolement. Les médecins inspecteurs des Ecoles procèdent habituellement par le renvoi des malades, l'exclusion de ceux qui peuvent être dangereux, et la fermeture des Ecoles. La désinfection n'étant pas encore pratiquée au sujet de la rougeole, il nous semble que le rôle, des médecins inspecteurs devrait se borner à préserver les Ecoles non atteintes.

En ce qui concerne la diphtérie, le problème est très délicat. Isoler les contagionnants, tout est là, dit le Professeur Bard de Lyon, et songer surtout ajoute-t-il, aux cas frustes et aux convalescents qui sont les vrais propagateurs. Les médecins inspecteurs auront donc à examiner avec soin les gorges et les nez et à prolonger la durée de la convalescence hors de l'école. Ces cas frustes dont on ne se méfie pas communiquent une diphtérie grave aux autres et l'on a vu des convalescents rester contagieux 40 ou 50 jours après leur maladie.

Les règles d'isolement et de désinfection sont plus simples et plus précises à propos de la variole, de la fièvre typhoïde et de la coqueluche, surtout au point de vue de la prophylaxie scolaire ou de la prophylaxie dans les établissements de l'administration soit d'assistance, soit pénitentiaire etc.

Quant à la fièvre scarlatine, si l'isolement est possible (et il faut qu'il soit prolongé) la désinfection est dans bien des cas illusoire. Pour être efficace il faudrait qu'elle fût faite après complète guérison et desquamation du malade qui n'aura pas quitté sa chambre et n'aura eu aucune communication avec d'autres personnes.

Combien ces conditions sont difficiles à réaliser dans la pratique! et nous ajouterons, si l'isolement était obligatoire comme en Angleterre pour les étrangers, combien d'individus atteints d'érythèmes scarlatiniformes seraient transportés dans des pavillons d'isolement sans communication avec leur famille, et exposés même à contracter une maladie épidémique qu'ils n'ont pas !

Au sujet des écoles, la prophylaxie est extrêmement difficile, car les frères et sœurs des scarlatineux vont à l'Ecole et propagent peut-être la maladie sans pour cela la contracter eux-mêmes. C'est dans ce cas que les causes d'absences des élèves sont importantes à connaître exactement, qu'elles doivent être signalées au médecin inspecteur qui exclura de l'école les frères ou sœurs des malades signalés.

Au point de vue de la mortalité générale, nous avons remarqué une mortalité particulièrement supérieure sur la route de Choisy qui borde les cimetières parisiens. Nous ne faisons que signaler le fait sans chercher à l'expliquer. Disons toutefois que les logis pauvres et les marchands de vins sont plus nombreux autour des cimetières qu'ailleurs.

Quant à l'origine des épidémies, nous avons dit qu'il était impossible d'assigner une origine quelconque à la coqueluche et à la diphtérie dont l'endémicité est malheureusement certaine.

Le choléra paraît être la plupart du temps né sur place, par reviviscence des germes.

La variole a été importée de Paris ou d'une commune avoisinante.

La fièvre typhoïde, endémique, tient au régime local des eaux.

La scarlatine et la rougeole, endémiques également, naissent et se propagent sur place.

Pourtant, plusieurs épidémies de rougeole, paraissent avoir été importées de Paris.

La rougeole est caractérisée pour une périodicité annuelle bien nette. Elle pénètre en général dans notre ville en avril, par le Petit-Ivry sur le coteau, et continue souvent une épidémie parisienne. De là elle progresse, descend au Centre et s'étend à Ivry-Port, en paraissant augmenter d'intensité.

La coqueluche, qui suit presque toujours la rougeole, présente la même marche envahissante.

A propos du choléra et de la fièvre typhoïde, nous avons étudié la question des fosses d'aisances, des égoûts et de l'enlèvement des matières fécales.

Nous avons aussi étudié la question des eaux, la topographie, la nature du terrain, et nous ne reviendrons pas sur ces questions.

Les influences météorologiques sont difficiles à constater dans la plupart des cas. Les vents dominants dans notre contrée sont ceux du Sud-Ouest, et nous avons remarqué que ces vents pluvieux sont favorables à l'apparition de la diphtérie qui suit aussi, comme nous l'avons vu, les mouvements d'ascension de la Seine.

Les vents, les poussières, les pluies ont-ils une influence bien nette sur la marche des épidémies dans notre région ? il est bien difficile aussi de l'établir. Les remarques que nous avons faites à ce sujet (nous en avons signalé quelques-unes), ne sont pas bien probantes.

Pourquoi la rougeole, la coqueluche et la scarlatine apparaissent-elles d'abord au Petit-Ivry d'une façon épidémique, puis se propagent-elles en descendant le coteau jusqu'au Port ? Pourquoi lorsque ces maladies et même d'autres maladies générales infectieuses, comme la grippe, la pneumonie, sévissent au Petit-Ivry, sont-elles rares au Port, et lorsqu'elles sévissent au Port s'éteignent-elles au Petit-Ivry, après avoir frappé Ivry-Centre ?.....

Nous avons même, maintes et maintes fois remarqué que s'il y des maladies épidémiques ou autres à Ivry, il y en a peu à Charenton, de l'autre côté de la Seine, et inversement. Comme si les vents dominants de la région, les vents du Sud-Ouest, quelque peu arrêtés par le coteau de la rive gauche et combinés avec le mouvement d'air provoqué par le courant de la Seine, apportaient d'abord les germes sur la crête du coteau. Ensuite l'épidémie descendrait dans la vallée, traverserait la Seine, et irait frapper Charenton en dernier lieu. Comme si encore le quartier du Petit-Ivry, peuplé et avoisinant les quartiers populeux du XIIIème arrondissement, était d'abord plus facilement contagionné que le Port

qui avoisine bien Paris, il est vrai, mais près de quartiers couverts de chantiers, d'entrepôts, de magasins
généraux, de gares, de jardins etc, où la population est
presque nulle et partant la contagion plus amoindrie.

Nous donnons nos remarques sur les influences
météorologiques dans la marche des maladies épidémiques à Ivry pour ce qu'elles valent, et nous nous gar-
derons bien de les donner pour certaines et indiscutables.

Les différents établissements d'instruction publique
communaux, libres ou congréganistes, les pensionnats,
n'ont pas offert de particularités à la marche des épidémies. Ils n'ont pas présenté d'inmunité spéciale ni
une intensité plus grande au mal.

# CONCLUSIONS GÉNÉRALES

Pour conclure avec des éléments certains, nous commencerons par comparer la mortalité d'Ivry avec celle de Paris.

*Choléra.* — Les annuaires statistiques de la ville de Paris n'ont pas de chapitre spécial au sujet du choléra.

*Variole.* — Nous avons vu que pour 100.000 habitants, il y avait à Paris, 99 décès; à Ivry, nous avons 96 décès, dans les mêmes conditions.

*Fièvre typhoïde.* — Nous avons vu également en étudiant la fièvre typhoïde, que la mortalité à Ivry jusqu'en 1893 où le régime des eaux est sensiblement le même qu'à Paris la mortalité était inférieure de 1/10 sur celle de Paris.

Elle est un peu supérieure à celle de Paris après 1893, et nous en avons donné les raisons.

*Rougeole.* — De 1877 à 1898, la mortalité par 100.000 habitants, est à Paris d'environ 1190.

9

À Ivry, elle est très peu inférieure, toutes proportions gardées.

On peut dire qu'elle est sensiblement la même à Ivry
qu'à Paris.

*Scarlatine.* — 204 à Paris ; 148 à Ivry, par 100.000
habitants. Elle est donc inférieure à Ivry de 1/3 environ sur Paris.

*Coqueluche.* — 298 à Paris ; 462 à Ivry par 100.000
habitants. Elle est donc supérieure de 1/3 environ sur
Paris.

*Diphtérie.* — 1410 environ à Paris ; 1500 à Ivry environ par 100.000 habitants. Ces derniers chiffres sont
pris avant la découverte du vaccin antidiphtérique et
l'on voit que la mortalité est très légèrement supérieure
à Ivry. Actuellement elle est un peu *inférieure*.

En ce qui concerne la mortalité par âge et par sexe
nos résultats (à part la fièvre typhoïde pour le sexe)
sont conformer aux résultats de la statistique parisienne.

En dehors des morts nés et défalcation faite des décès
des hospices, on trouve comme mortalité générale à
l'époque des recensements quinquennaux, la proportion suivante qui démontre clairement l'influence des
progrès de l'hygiène et de la science sur la mortalité :

1876 : mortalité de 2/3 p. 0/0 ;
1881 :      —      de 3 p. 0/0 ;
1886 :      —      de 2/1 p. 0/0 ;
1891 :      —      de 1/88 p. 0/0 ;
1896 :      —      de 1/5 p. 0/0.

Ces chiffres sont conformés aux heureux résultats constatés dans nos études :

Abaissement de la courbe de la mortalité dans la fièvre typhoïde.

Abaissement de la courbe de la mortalité dans la variole et dans la diphtérie.

Abaissement du chiffre de la morbidité des maladies contagieuses, résultat des désinfections, et comme conséquence de la rareté des cas, amoindrissement de la propagation.

Nous concluons à l'utilité de l'isolement, des vaccins, des désinfections, de l'hygiène en général et à sa vulgarisation, de l'inspection médicale des Ecoles, à l'usage de l'eau filtrée à défaut d'eau de source, à la déclaration obligatoire des maladies contagieuses par les intéressés, à l'obligation de la désinfection.

Nous souhaitons que ces mesures s'étendent à la coqueluche et soit dit en passant, à la tuberculose avant tout.

L'excellente situation topographique d'Ivry, la distribution actuelle de ses eaux, sa population travailleuse et non tassée, ses habitations qui s'améliorent de jour en jour, ses maisons et logements insalubres moins nombreux que dans d'autres communes y compris Paris, les usines, quelques-unes désagréables mais non insalubres, en font une ville particulièrement favorisée au point de vue de la morbidité et de la mortalité. Elle jouit positivement d'une situation hygiénique qui laisse assurément beaucoup à désirer encore comme celle de tous les centres ouvriers, mais qui est meilleure comparativement que celles des communes avoisannantes, et meilleure sensiblement que celle de Paris, comme nous l'avons démontré.

Nous sommes arrivé dans nos études à confirmer des faits connus et nous ne pouvions assurément pas trouver beaucoup de résultats nouveaux, ni faire de grandes découvertes. L'intérêt de ces études réside surtout dans leur localisation à Ivry, dont elles éclairent quelque peu, croyons-nous, l'état sanitaire bien meilleur qu'on pourrait le croire avec sa population ouvrière et industrielle.

Ivry, 25 décembre 1899.

# TABLE DES MATIÈRES

L. BOYER. — Imprim. de la Fac. de médecine, 15, rue Racine, Paris.

www.ingramcontent.com/pod-product-compliance
Lightning Source LLC
Chambersburg PA
CBHW062028200326
41519CB00017B/4966